傳統×進化
擔擔麵的風味革新

瑞昇文化

人氣夯店的擔擔麵烹調技術

閱讀本書之前

・烹調過程解說中所註記的加熱時間、加熱方法皆依各店家所使用的烹調設備為依據。

・材料名稱、使用器具名稱皆為各店家慣用的稱呼方式。

・書中記載的各店家技法與烹調方法為取材當時（2021年11月～2022年3月）所取得的資訊。然而各店家不斷改良精進烹調方式與食譜、使用材料以及調味料，書中內容僅為店家在進化過程中，某個時期所使用的方式與思維，這一點還請各位讀者見諒。

・書中記載的菜單價格、盛裝方式、器具等為2022年3月的最新資訊。價錢部分未標記「不含稅」者，則皆為含稅價。

・書中記載的各店家地址、營業時間、公休日皆為2022年3月當時的最新資訊。目前營業時間和公休日可能視情況而有所變動，請務必事先確認。

擔擔麵專賣店・夯店的菜單與販售方式

人氣夯店的擔擔麵烹調技術

赤坂 四川飯店

[四川飯店集團總料理長　鈴木廣明／東京都千代田区平河町2-5-全国旅館会館5階·6階]

擔擔麵（有湯） 1300日圓

擔擔麵由「四川飯店」創辦人陳建民先生引進至日本，陳建民先生還構思發明了中國四川所沒有的有湯擔擔麵。據說是妻子洋子女士的一句「日本人每天都少不了味噌湯，所以擔擔麵也要有湯才好」才促使有湯擔擔麵的誕生。

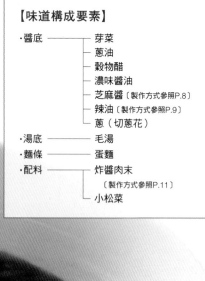

【味道構成要素】

- 醬底 —— 芽菜
　　　　　 蔥油
　　　　　 穀物醋
　　　　　 濃味醬油
　　　　　 芝麻醬〔製作方式參照P.8〕
　　　　　 辣油〔製作方式參照P.9〕
　　　　　 蔥（切蔥花）
- 湯底 —— 毛湯
- 麵條 —— 蛋麵
- 配料 —— 炸醬肉末
　　　　　　〔製作方式參照P.11〕
　　　　　 小松菜

正宗擔擔麵（無湯・加黑醋）1400日圓

將擔擔麵引進日本的創辦人陳建民先生，基於傳承，店裡仍保留這道
以祖傳秘方烹煮的擔擔麵。使用白芝麻焙炒而成的芝麻醬，可用於有
湯和無湯擔擔麵。為了炒出濃郁芳香的芝麻味，老闆特別親自挑選上
等白芝麻。

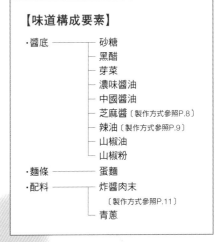

【味道構成要素】

·醬底	砂糖
	黑醋
	芽菜
	濃味醬油
	中國醬油
	芝麻醬〔製作方式參照P.8〕
	辣油〔製作方式參照P.9〕
	山椒油
	山椒粉
·麵條	蛋麵
·配料	炸醬肉末〔製作方式參照P.11〕
	青蔥

赤坂 四川飯店

白絞油倒入鍋裡燒熱，為避免芝麻糊燒焦，先將白絞油燒熱至100～120℃。油的溫度太低時，無法逼出芝麻香氣。

將熱油一點一點倒在芝麻糊上，並用打蛋器充分混合至整體均勻融合。

將白絞油和芝麻糊確實混拌至像涓涓細流般垂下的程度。

芝麻醬

店裡自製芝麻醬，除了守護傳統美味，也為了精選白芝麻，特地挑選顆粒大的白芝麻粒。大顆粒白芝麻飽含油脂，能夠製作具有黏性、充滿濃郁芝麻風味且餘韻繚繞的芝麻醬。另一方面，乾炒白芝麻也可以作為店裡年輕廚師的甩鍋訓練。當白芝麻整體呈金黃色，就是完美練就甩鍋功力的證明，這時候可以準備進入炒飯等煎炒技巧的訓練。

| 材料 |

白芝麻…500g
白絞油…350g
芝麻油…80g

以小火乾炒白芝麻。翻炒至整體呈均勻的金黃色。

將乾炒白芝麻倒入絞肉機中，分2次研磨成光滑的芝麻糊。

辣油

比起辣味，辣油重視的是增添香氣與爽口滋味。慢慢熬煮至陳皮、八角等香料的香味融入熱油中，煉製充滿深度香氣的辣油。慢慢熬煮使香味融入熱油中，但務必多加留意，辛香料一旦燒焦容易釋放苦味和焦臭味，一有苦味就前功盡棄了，關鍵在於熬煮至即將燒焦前就關火。

材料

白絞油…3ℓ、朝天椒（整支）…2.5g
鷹爪辣椒（日本產）…10g、陳皮…20g、八角…4g
花椒…3g、蔥頭…適量、生薑（切片）…適量
純辣椒粉（韓國產）…400g、朝天辣椒面…600g、水…適量

最後添加芝麻油，混合均勻。

燒熱白絞油，加入朝天辣椒、鷹爪辣椒、陳皮、八角、花椒、蔥頭和生薑，確實熬煮至香氣四溢。

將純辣椒粉和朝天辣椒面倒入料理盆中混合均勻，慢慢加水至整體呈濕潤狀。握住能成形的濕度即可。

熱煮至散發油香且蔥頭變黑後，取出蔥頭和辛香料。蔥頭焦黑易產生苦味，注意不要過度加熱，只燒熱白絞油讓溫度上升。

倒入一些熱油在料理盆中的辣椒上，開始滋滋冒泡後，持續一點一點慢慢地倒進去，倒油的同時以打蛋器攪拌，直到香氣均勻分布。

蓋上鋁箔紙並靜置一晚，於隔天使用。依餐點的不同，單純使用上方清澈的油，或者混合下方的辣椒粉一起使用。

炒至油變透明後，若鍋面殘留焦渣，必須將豬絞肉移至其他鍋裡，然後再添加調味料。

加入紹興酒、醬油、甜麵醬和胡椒拌炒均勻。剛開始湯汁會有點渾濁，但隨著拌炒會逐漸變透明。

炸醬肉末

擔擔麵好吃的秘訣在於炸醬肉末。炸醬肉末同時也用於製作麻婆豆腐。炸醬肉末在擔擔麵和麻婆豆腐二道人氣商品中扮演重要角色，務必熬煮至豬肉鮮味確實地包覆其中。拌炒時所使用的油如果太渾濁，容易因為水分和肉汁殘留於油中而造成風味變差。除了油的品質很重要外，添加調味料之後，也要確實拌炒至整體湯汁呈透明。

材料

豬絞肉（瘦肉7：油脂3）…400g、紹興酒…1大匙
醬油…3大匙、甜麵醬…3大匙、胡椒…少許、白絞油…適量

鍋內倒入底油，拌炒豬絞肉。偶爾舀起白絞油淋在豬絞肉上，拌開豬絞肉的同時確實地翻炒。

肉熟了但肉汁仍舊渾濁的話，繼續拌炒到油變透明為止。

完成擔擔麵（有湯）

材料（比例）

芽菜…1小匙、蔥油…2/3小匙、穀物醋…2/3小匙
濃味醬油…2大匙、芝麻醬…2.5大匙
辣油…2大匙、蔥花…2大匙
湯底…200mℓ、麵條…150g、小松菜…30g、
炸醬肉末…30g

在碗裡放入芽菜、蔥油、穀物醋、濃味醬油、芝麻醬、辣油以及
蔥花。

慢慢注入熱湯混合在一起。

添加調味料後繼續拌炒。當油裡的水分蒸發，油自然會慢慢變透
明。油變透明後就完成了。

平鋪在托盤中，靜置放涼。

完成正宗擔擔麵（無湯）

材料（比例）

砂糖…1大匙、黑醋…2/3大匙、
濃味醬油…1.5大匙、中國醬油…1小匙、
芝麻醬…2大匙、芽菜…2小匙、辣油…1.5大匙、
花椒油…適量、花椒粉…適量、麵條…150g、
炸醬肉末…30g、青蔥…適量

1

將砂糖、黑醋、濃味醬油、中國醬油、芝麻醬、芽菜、辣油、花椒油、花椒粉混合均勻，然後倒入盛裝容器中。

2

將煮熟的麵條盛裝在醬料上。擺上炸醬肉末後撒些青蔥。

3

放入煮熟的麵條，最後盛裝水煮小松菜和炸醬肉末。

麵條

依照初代陳建民先生的配方所製作的麵條。不加鹼水的細直蛋麵。像烏龍麵一樣容易軟爛，所以煮麵過程中添加一些水，可以讓麵條的口感更好。

刀削麺・火鍋・西安料理 XI'AN 新宿西口店

[總料理長　張建志／東京都新宿区西新宿1-12-5 三平西口ビル4階]

擔擔刀削麵 990日圓

使用不加鹼水的麵團製作刀削麵，並以特殊刀具直接切削麵團至滾燙熱水裡烹煮。一人份麵量約400g，雖然分量很多，但因為順口易咬，所以容易下肚。另一方面，事先調配好芝麻醬、辣油、醋、醬油等混合一起的「擔擔醬」，只需要搭配雞骨熬的湯底一起倒入碗裡，馬上就能端上桌。雖然是一道人氣餐點，卻完全不需要苦等，立即就能享用。

【味道構成要素】

- ·擔擔醬〔製作方式參照P.16〕
- ·白芝麻
- ·湯底
- ·刀削麵
- ·配料 ┬ 肉醬〔製作方式參照P.17〕
　　　 ├ 小松菜
　　　 └ 香菜

14

無湯刀削麵 990日圓

夏季限定餐點無湯擔擔麵。和有湯擔擔麵一樣使用刀削麵,煮一人份麵量約400g,時間為1分鐘左右。煮熟的麵條不需要以冷水沖過,直接盛裝於碗裡,然後淋上擔擔醬。這是一道夏季餐點,搭配辣油一起吃,夠辣夠帶勁。

【味道構成要素】

- 擔擔醬〔製作方式參照P.16〕
- 刀削麵
- 配料 ── 肉醬〔製作方式參照P.17〕
        ── 腰果
        ── 香菜
        ── 辣油

散發香氣後，加入醬油和雞骨湯底。再次沸騰後轉為小火繼續熬煮20分鐘左右。

接著加醋，再次沸騰後繼續熬煮5分鐘左右，酸味去除後再添加鮮味素和鹽，確實攪拌使其溶解。

過篩後和 **1** 的芝麻醬混合在一起。過篩後的殘渣可作為麻辣刀削麵醬汁的材料。添加辣油以封存美味，使用前再次攪拌，混合均勻後再取用。

擔擔醬

將芝麻醬、辣油、醬油和醋混合一起調製成「擔擔醬」。1人份擔擔醬約30mℓ，搭配180mℓ的湯底製作成擔擔麵。比起在碗裡混合調味料，事先調製好擔擔醬不僅提升料理速度，也可以避免材料比例上的調製失誤。但放置過久容易變色，一次只做一個星期的所需分量。

材料

焙炒芝麻…3kg、白絞油…200mℓ、紅辣椒…200g
草果…3個、蔥…200g、山椒…100g、八角…5個
月桂葉…10片、醬油…1.8ℓ、雞骨湯底…500g
穀物醋…5.4ℓ、鮮味素…1kg
食鹽…100g、辣油…360mℓ

將焙炒芝麻和辛香料混合在一起，倒入燒熱至150〜180℃的白絞油並混合均勻。

熱油裡加入紅辣椒、草果、蔥、山椒、八角、月桂葉，熬煮至香氣融入熱油裡。

轉為中火，加入醬油、砂糖和鮮味素拌勻。

最後加入甜麵醬，確實拌炒混合均勻。

肉醬

使用8成瘦肉的豬絞肉製作肉醬。粗絞肉可以增加豬肉的口感，再佐以豆瓣醬、醬油、番茄醬、甜麵醬等調味，完成具甜辣層次感的肉醬。

材料

豬絞肉…3kg、生薑泥…100g
蒜泥…100g、白絞油…500mℓ、豆瓣醬…200g
番茄醬…100g、醬油…200mℓ、砂糖…100g
鮮味素…50g、甜麵醬…100g

倒入底油燒熱，下豬絞肉。將豬絞肉炒散後，加入生薑泥、蒜泥，補些白絞油繼續煸炒。

炒至肉汁變透明，加入豆瓣醬、番茄醬繼續拌炒。

完成無湯擔擔刀削麵

材料

擔擔醬…30mℓ、刀削麵…290g（煮前）
肉醬…80g、辣油…10mℓ
腰果…5g、香菜…適量

碗裡放入煮熟的刀削麵，淋上擔擔醬。

盛裝肉醬，澆淋辣油，佐以堅果和香菜裝飾。

完成擔擔刀削麵

材料

擔擔醬…30mℓ、白芝麻…少許
刀削麵…290g（煮前）、湯底…180mℓ
肉醬…80g、小松菜…適量、香菜…適量

將擔擔醬、白芝麻倒入碗裡，注入湯底混合均勻。

放入煮熟的刀削麵，再倒入肉醬、水煮小松菜、香菜裝飾。

中國菜‧老四川 飄香

[總料理長　井桁良樹／東京都港区麻布十番1丁目3-8 FプラザB1F]

擔擔麵（有湯）

烹煮有湯擔擔麵時，以辣油1：濃味醬油2：芝麻醬2：以蛋雞熬煮的清湯8的比例混合在一起。喜歡吃辣的人，可以另外添加辣粉（製作辣油時沉澱在底部的辣椒粉）和辣椒粉。喜歡溫潤口感的人，則稍微減少辣油用量，或者增加芝麻醬用量。四川的調味料有各式各樣的味道，添加這些調味料，就可以打造勁道十足的擔擔麵。

【味道構成要素】
- ‧醬底
  - 濃味醬油
  - 芽菜（切細碎）〔解說參照P.22〕
  - 大蒜（切蒜末）
  - 蔥（切蔥花）
  - 山椒粉
  - 芝麻醬〔製作方式參照P.21〕
  - 黑醋
  - 辣油〔製作方式參照P.22〕
- ‧湯底
- ‧麵條
- ‧配料
  - 炸醬肉末〔製作方式參照P.24〕
  - 青江菜
  - 花生（切細碎）
  - 松子（烘焙）

無湯擔擔麵

「飄香」的招牌餐點，忠於四川正統派最一般的擔擔麵。為了讓客人容易食用，基本上會添加少量的湯汁。

【味道構成要素】
- ·醬底 ── 濃味醬油
  ── 芽菜（切細碎）〔解說參照P.22〕
  ── 大蒜（切蒜末）
  ── 山椒粉
  ── 芝麻醬〔製作方式參照P.21〕
  ── 黑醋
  ── 辣油〔製作方式參照P.22〕
  ── 湯底
- ·麵條
- ·配料 ── 炸醬肉末〔製作方式參照P.24〕
  ── 野蓮
  ── 花生（切細碎）
  ── 松子（烘焙）

3

少量分次慢慢地將芝麻油淋在**1**的焙炒芝麻上。用湯杓將整體混拌均勻。

4

將**2**的大豆油一口氣倒進去，混合攪拌均勻。冷卻後使用，可以保存2週左右。

芝麻醬

先前介紹過以絞肉機研磨芝麻所製作的芝麻醬，由於製作時沒有過度輾壓，所以多少留有芝麻顆粒，但口感還是很滑順。然而湯頭若要滑順，則必須使用研磨數次的芝麻。現在多半使用市售的芝麻醬。如果想要讓風味更具層次感，可以添加少許的花生粉（或者是花生醬）。

材料（比例）

焙炒芝麻…4、大豆油…3、芝麻油…1
青蔥…適量、生薑…適量

1

焙炒白芝麻乾炒到熱滋滋的狀態且散發濃郁香味。稍微靜置一下，穩定後再次以絞肉機研磨。

2

大豆油倒入鍋裡燒熱，放入青蔥和生薑片，加熱可以讓香氣滲透至大豆油裡。青蔥和生薑片上色後取出。

辣油

辣油的顏色、辣度會依據加熱辣椒和油的溫度而有所不同。高溫加熱時產生濃郁香氣，但顏色比較差；低溫加熱時呈現美麗色澤，但口感偏黏稠。因此該店分三個階段的溫度加熱。另一方面，辣油的辣味和鮮味也會因辣椒種類而不同。店裡使用具十足辣味與鮮味的四川朝天椒。以日本鷹爪辣椒製作的辣油，辣味略顯刺激。若希望打造美麗的紅色外觀，可以添加一些紅椒粉。

材料 (容易製作的分量)

大豆油…600㎖

A

> 薑黃…3g、縮砂…3g、花椒…2大匙、
> 桂皮…1個指節大小、陳皮…2片、蔥…20g、八角…1個
> 生薑…10g、大蒜…10g、洋蔥…20g、
> 白荳蔻…3g

辣椒粉…60g、水…1大匙、大豆油…1大匙、
焙炒芝麻…10g

將大豆油倒入調味料 A 中，加熱維持100℃約1小時。加熱溫度上升，香味慢慢散發出來，辛辣香氣也會跟著跑出來。

芽菜

芽菜是四川省的代表性醃漬物，香氣濃郁且味道有層次感，經常作為調味料使用。最近市面上常見切細碎的芽菜，相對容易取得。芽菜也是「飄香」的常備調味料。先用溫水洗淨，去除硬根部位，然後擠乾後拌炒至水分蒸發。過去不容易取得芽菜，通常會以榨菜取代。因為這樣的緣故，目前仍有不少店家繼續沿用榨菜。

黑醋

「飄香」依餐點的不同使用2種不一樣的中國產黑醋。照片右側為上海的「鎮江黑醋」，甜味和香氣比較濃郁，常用於製作黑醋的糖醋豬肉。照片左側為山東省的「山西老陳醋」，味道比較清爽，適合烹煮四川料理。擔擔麵也是使用山東省的黑醋。

繼續加熱 **3** 鍋裡的油，溫度慢慢上升至280℃。鍋邊開始冒煙時關火。

分三階段將熱油淋在辣椒上。將 **4** 的油分次少量地澆淋在 **2** 上面，在湯桶鍋裡混拌均勻。約添加油總量的1/3。

油溫下降至約180℃，將剩餘一半分量的油慢慢地倒入 **5** 的湯桶鍋之中。

辣椒粉倒入湯桶鍋裡，加入水和大豆油，充分攪拌均勻。以手用力捏住，能夠成形的程度即可。在這個步驟中先打濕辣椒粉，有助於避免之後加熱時燒焦。

1 的油溫慢慢升高，最後達120～130℃後關火，取出食材。

炸醬肉末

四川料理常用的炸醬肉末,與其說是配料,不如說是濃縮鮮味的調味料比較貼切。麻婆豆腐也會添加少量炸醬肉末。北方的炸醬麵肉末餡料多且較為黏稠,相較之下,擔擔麵則是使用少量肉末作為調味料,用於增添口感和鮮味。將肉末煸炒至酥脆,增添口感上的變化。

材料(容易製作的分量)

牛豬混合絞肉…150g、大豆油…適量
生薑(切細碎)…1/2小匙、紹興酒…1小匙
濃味醬油…1/2小匙、甜麵醬…2小匙、水…適量

鍋裡倒入大豆油燒熱,關火的狀態下倒入牛豬混合絞肉以及少量的水。

以小火像烹煮般翻炒,這樣比較容易炒散絞肉且不會結塊。

油溫繼續下降至130℃,添加焙炒芝麻,並將剩餘的油一口氣全倒進去混拌均勻。讓水分慢慢蒸發。

靜置一晚後使用。常溫狀態下可保存2〜3週。湯桶鍋底的辣椒粉末(辣粉)充滿芬芳鮮味,可用於烹煮其他餐點。

放入切細碎的生薑添補香氣，持續以中火拌炒。

慢慢拌炒至絞肉表面滋滋作響，加入紹興酒、濃味醬油調味後繼續熬煮。

炒散絞肉後，轉為中火煸炒，讓水分蒸發。肉汁變透明之後暫時關火。

取另一只炒鍋燒熱，放入大豆油。將 **3** 的絞肉移至這個鍋子，繼續拌炒。換鍋是為了避免燒焦。拌炒過程中添加少量大豆油，以油炸的感覺將絞肉炒至酥脆。

最後再倒入容易燒焦的甜麵醬。

沸騰後關火。

移至托盤裡置涼，冷卻後使用。可冷藏保存4～5天。

上海湯包小館 滝ノ水店

［ 株式会社ファイブレシピ　總料理長　關 雄二／愛知県名古屋市緑区滝ノ水5丁目2507 ］

擔擔麵 990日圓

麵料理中最受歡迎的一道餐點。辣味與香氣兼具的辣油，加上充滿濃郁芝麻風味的芝麻醬，完美打造正宗四川風味擔擔麵。為了讓辣油浮在表面，盡量輕輕地從碗的邊緣注入湯底。這樣使用湯匙喝湯時，才能同時享用表面的辣油，以及混有下層芝麻醬的湯汁，一次享用2種截然不同的美味。是一碗既能品嚐辣油香氣與芝麻風味的好吃擔擔麵。

【味道構成要素】

- 醬底 ─── 醬油醬汁
　　　　── 黑醋
　　　　── 芝麻醬
　　　　── 蔥
　　　　── 辣油〔製作方式參照P.28〕
- 中華麵
- 湯底
- 配料 ─── 青江菜
　　　　── 炸醬肉末
　　　　── 白髮蔥絲
　　　　── 紅辣椒絲
　　　　── 白芝麻

辣油

店裡自製的辣油除了辣味外，也十分重視香氣與清澈色澤。以打造鮮紅透明色澤的細研磨辣椒粉為基底，搭配營造香氣的粗研磨辣椒粉。為了讓湯汁表面鋪滿一層辣油，一人份約使用30ml。另外，將湯底沿著碗的邊緣慢慢注入，以呈現層次分明的辣油與湯汁。

材料

辣椒粉（粗研磨）…1kg、辣椒粉（細研磨）…1kg
白絞油…10ℓ、花椒…100g、八角…3片
肉桂…少許、蔥…1根、生薑…1片、水…適量

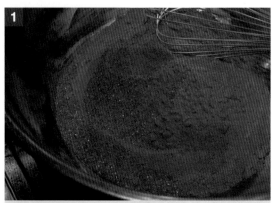

將水和辣椒粉混合在一起，混拌均勻備用。

油倒入鍋裡燒熱，加入蔥、生薑、花椒、八角、肉桂，以大火熬煮。使用蔥白和蔥頭部分。生薑切薄片。

熱煮至蔥段變黑，舀入❶的辣椒粉。

熱油慢慢澆淋在辣椒粉上拌勻。

待熱油和辣椒粉混合均勻之後，靜置冷卻。待冷卻後，倒入鋪有廚房紙巾的篩網過濾。

放入煮熟的中華麵。這裡使用中細直麵。

擺上水煮青江菜、炸醬肉末、白髮蔥絲和紅辣椒絲,最後再撒些白芝麻。

完成擔擔麵

材料

醬油醬汁…25mℓ、黑醋…10mℓ、芝麻醬…36mℓ
蔥(切蔥花)…5g、辣油…30mℓ、中華麵…110g
湯底…250mℓ、青江菜…50g、炸醬肉末…45g
白髮蔥絲…少許、紅辣椒絲…少許、白芝麻…1小匙

將醬油醬汁、黑醋、芝麻醬、蔥花、辣油放入碗裡。

沿著碗的邊緣輕輕注入湯底,讓辣油浮在湯汁表面。

中國四川料理 劍閣

[董事會部長　塩野大輔／東京都板橋区高島平7-32-5]

四川擔擔麵　1100日圓

在日本不易取得芽菜的時代裡，以榨菜取代芽菜，並且沿用至今。以豬五花肉製作炸醬肉末，先拍打再切成粗肉燥狀。為了不讓麵條具有太大的伸縮性，揉麵團時加入少量鹼水，並添加全麥麵粉營造香氣，切成細麵條後使用。最後佐以香辣醬、切碎的乾蝦打造風味層次感。

【味道構成要素】

- ·醬底
  - 醋
  - 醬油
  - 鮮味素
  - 雞粉
  - 榨菜（切細碎）
  - 香辣醬
  - 乾蝦（切碎）
  - 芝麻醬
  - 辣油
  - 蔥（切蔥花）
- ·雞骨湯
- ·細麵
- ·配料
  - 炸醬肉末〔製作方式參照P.32〕
  - 青江菜

高島平擔擔麵 1100日圓

以前曾供應廣式、充滿奶香味且稍微帶有甜味的擔擔麵，但為了讓客人享用四川正宗擔擔麵，於2014年構思了一款以臺灣食材為靈感的擔擔麵，也以當時店面所在地命名為「高島平擔擔麵」。搭配臺灣的醃蘿蔔「菜脯」和油炸紅蔥頭的「油蔥酥」，並將辣椒醬溶解在滑蛋湯裡，邊吃邊調整辣度。另外，使用不加鹼水，口感Q彈的扁麵。

【味道構成要素】	
·豬五花肉	·大蒜
·菜脯	·油蔥酥
·雞骨湯	·鹽醬汁
·蛋液	·芝麻油
·研磨芝麻粉	·扁麵
·辣椒醬	·香菜

翻炒至油變得透明,並且發出滋滋聲響後,依序加入料理用酒和醬油翻炒。

最後加入甜麵醬拌勻。

炸醬肉末

不斷翻炒直到逼出肉汁水分後調味。用於煸炒豬絞肉的豬油,是該店裡使用豬腹脂肪所自製的豬油,所以香氣格外濃厚。

材料

豬五花肉…500g、豬油(豬腹脂肪)…適量
料理用酒…50mℓ、醬油…25mℓ、甜麵醬…80g、蔥油…適量

以菜刀輕敲豬五花肉,然後切成粗肉燥狀。

以店裡使用豬腹脂肪製作的豬油煸炒豬絞肉。確實翻炒至肉汁水分蒸發。添補蔥油,邊攪拌邊翻炒。

注入雞骨湯，放入煮熟的麵條。

盛裝炸醬肉末，佐以水煮青江菜裝飾。

完成四川擔擔麵

醋…25mℓ、醬油…30mℓ、鮮味素…2g
雞粉…2g、榨菜（切細碎）…5g
香辣醬…8g、乾蝦（切碎）…5g、芝麻醬…60g
辣油…15g、蔥（切蔥花）…30g
雞骨湯…300mℓ、細麵…130g
炸醬肉末…50g、青江菜…1株

碗裡倒入醋、醬油、鮮味素、雞粉、榨菜、香辣醬、乾蝦、芝麻醬、辣油和蔥。

將蛋液倒入沸騰的湯裡並關火。加入芝麻油後就完成了。

碗裡盛裝煮熟的麵條，然後注入 4 的湯底。

辣椒醬擺在麵條上，四周圍撒芝麻粉，再佐以香菜裝飾。使用500g朝天辣椒粉、500g韓國辣椒粉和1ℓ芝麻油調製辣椒醬。

完成高島平擔擔麵

```
材料
```

豬五花肉…80g、大蒜（切蒜末）…10g
菜脯…30g、油蔥酥…15g
雞骨湯…300mℓ、鹽醬汁…20mℓ、蛋液…2顆分量
扁麵…150g、芝麻油…1大匙、研磨芝麻粉…10g
辣椒醬…適量、香菜…適量

將切成一定大小的豬五花肉確實翻炒至水分蒸發。

加入蒜末一起炒，然後加入切細碎的菜脯一起炒。

倒入雞骨湯、油蔥酥、鹽醬汁烹煮。以雞高湯、海瓜子高湯、鹽和鮮味素調製成鹽醬汁。

四川料理　龍の子

[總料理長　山中剛／東京都渋谷区神宮前1-8-5 メナー神宮前B1F]

擔擔麵　1300日圓

一整年的午餐菜單中，最受歡迎的餐點就是擔擔麵。堅持使用創業以來的
自製辣油和芝麻醬，同時也基於現代人的偏好、完食後的飽足感進行改
良，像是減少芝麻醬的比例或改變麵條種類。擔擔麵專用的醬油醬汁裡添
加醋，若放置過久，醋味容易消失，因此通常只會製作當天所需分量。

【味道構成要素】
- 醬底 ── 醬汁
　　　 ── 醬油醬汁
　　　 ── 芝麻醬
　　　 ── 蔥
　　　 ── 芽菜
　　　 ── 辣油〔解說參照P.37〕
- 麵條
- 湯底
- 配料 ── 炸醬肉末
　　　　　〔製作方式參照P.36〕
　　　 ── 榨菜

鍋中的油變得有些透明後，加入清酒和醬油，繼續以小火翻炒。

鍋中的油變透明後，加入甜麵醬。甜麵醬容易焦黑，混拌時需要格外留意。

炸醬肉末

使用脂肪較少的豬絞肉。擔擔麵是午餐菜單中最受歡迎的餐點，每天必須製作4kg的炸醬肉末。另外，肉末也用於製作麻婆豆腐，所以會添加清酒、醬油、甜麵醬調味。

> **材料**

豬絞肉…500g、白絞油…適量、清酒…20g
濃味醬油…25g、甜麵醬…40g

熱鍋加油燒熱，翻炒豬絞肉。

適量添補白絞油炒散豬絞肉，不要讓豬絞肉結塊。

辣油

只使用日本產純辣椒粉。白絞油中放入八角、桂皮、陳皮、花椒、蔥、生薑加熱，讓香氣轉移至油中，接著倒在以水打濕的純辣椒粉上並過濾。過濾後的辣粉除了作為調味料使用，製作辣油時也添加一些在純辣椒粉中（2kg的純辣椒粉加600g辣粉）。比起只使用純辣椒粉製作辣油，搭配辣粉的辣油比較沒有刺激性辣味，辣度也更具層次感。

芝麻醬

拌炒研磨芝麻（九鬼產業），放涼後再研磨3次，呈光滑狀的芝麻粉後加入生薑和蔥，接著將加熱後充滿香氣的白絞油一點一點慢慢倒進去調製成芝麻醬。以前拌炒後的芝麻粒通常會經過2次研磨，但為求更滑順的口感，現在改成研磨3次。

擔擔麵專用醬油醬汁

將醬油、穀物醋、香辣醬混合在一起。製作分量太多的話，醋味容易散發，所以每天只做當天所需分量。

完成擔擔麵

材料

醬油醬汁…50g、芝麻醬…55g、辣油…10g
蔥（切蔥花）…10g、芽菜（切細碎）…10g
毛湯…400g、麵條…130g、炸醬肉末…30g、小松菜…30g
榨菜（切細碎）…10g

碗裡倒入醬油醬汁、芝麻醬、蔥、芽菜和辣油。

注入毛湯，放入煮熟的麵條調整好外觀。

盛裝炸醬肉末、水煮小松菜和切細碎的榨菜。

中華料理 高社鄉

[店長　水野猛久／東京都板橋区大山東町24-20]

蔬菜擔擔麵 1200日圓

2020年的料理講習會由東京都中華料理生活衛生同業協會主辦，主題是「麵料理」。「町中華」的所有料理餐點中，最受歡迎的就是「麵料理」，而這次擔任講師的「高社鄉」店長水野猛久先生為大家介紹的就是麵料理其中一種的蔬菜擔擔麵。該店裡的蔬菜擔擔麵所使用的蔬菜種類比講習會上提供的食譜還要多，另外也添加細切叉燒肉作為配料。這碗麵的最大特色就是可以一餐吃到大量蔬菜。湯底有細切榨菜和叉燒肉，吃到後半段還有一種截然不同的全新口感，自始至終都能享受吃麵的樂趣。

【味道構成要素】

- ·醬底 ── 醬油醬汁
  ── 白胡椒
  ── 雞粉
  ── 醋
  ── 豆瓣醬
  ── 辣油〔解說參照P.40〕
  ── 焙炒芝麻
- ·麵條
- ·湯底
- ·配料 ── 豆芽菜
  ── 白菜
  ── 高麗菜
  ── 紅蘿蔔
  ── 韭菜
  ── 黑木耳
  ── 金針菇
  ── 菠菜
  ── 海帶芽
  ── 榨菜
  ── 叉燒肉

中華料理 高社郷

將白菜和高麗菜切成寬版條狀以增加口感。紅蘿蔔切成細條狀。

鍋裡倒入底油燒熱，翻炒豆芽菜、白菜、高麗菜、紅蘿蔔、菠菜、金針菇、黑木耳，以食鹽、胡椒、清酒、醬油、鮮味素等調味。起鍋後淋上芝麻油。

熱湯注入碗裡，倒入焙炒芝麻和辣油。

完成蔬菜擔擔麵

調味料・配料在碗裡混合　材料

醬油醬汁…40㎖、醋、60㎖、豆瓣醬…20g
白胡椒…少許、榨菜（細切）…10g
叉燒肉（細切）…10g、蔥（切蔥花）…適量
豚骨湯…250㎖、雞粉…少許

裝飾・配料　材料

豆芽菜…10g、白菜…50g、高麗菜…50g、紅蘿蔔…10g
菠菜…10g、韭菜…10g、金針菇…10g
海帶芽…10g、食鹽…少許、鮮味素…少許
清酒…少許、胡椒…少許、醬油…少許、白絞油…適量
芝麻油…少許、焙炒芝麻…50g、辣油…50㎖

碗裡倒入醬油醬汁、醋、雞粉、細切榨菜、細切叉燒肉、蔥花、豆瓣醬混合在一起。

醬油醬汁

將無添加醬油和浸漬叉燒肉的醬油以1：1的比例混合在一起使用。

辣油

粗研磨辣椒和細研磨辣椒以1：3的比例混合在一起。一半澆淋高溫燒熱的白絞油，製作辣味強烈的辣油。另外一半和陳皮、八角、山椒混合在一起，澆淋低溫加熱的白絞油，慢慢加熱至香氣轉移到白絞油裡。各自冷卻之後再混合在一起，調製成辣味與香氣兼具的辣油。

放入煮熟的麵條，盛裝炒蔬菜和海帶芽。

Chinese Dining 方哉

[老闆主廚　佐藤方哉／東京都渋谷区恵比寿4-23-14 asビル2階]

海鮮酸辣擔擔麵 1200日圓

目前最受歡迎的擔擔麵。辣度適中，集結擔擔麵和酸辣湯的精華美味。一開始想搭配中規中矩的炸醬肉末，但後來反而變成泰式酸辣味，於是順勢將配料改為蝦子、花枝、章魚等，卻也一舉成為最受歡迎的餐點品項。除澆淋辣油外，也搭配蝦油帶出配料中甜蝦的美味。

【味道構成要素】

- 醬底 ——————— 擔擔醬汁
　　　　　　└ 泰式酸辣湯醬

- 什錦麵
- 湯底

- 配料·裝飾 ——┬ 竹筍
　　　　　　　├ 花枝
　　　　　　　├ 章魚
　　　　　　　├ 甜蝦（有頭）
　　　　　　　├ 蝦仙貝
　　　　　　　├ 蔥
　　　　　　　├ 櫻花蝦
　　　　　　　├ 香菜
　　　　　　　├ 蝦油
　　　　　　　└ 辣油〔製作方式參照P.45〕

整顆番茄起司擔擔麵 1200日圓

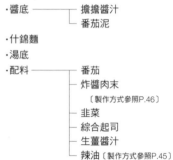

最受女性喜愛的擔擔麵。一整顆番茄入菜，具十足視覺效果，幾乎每位客人享用之前都會先拍張照留影。另外，撒上綜合起司後以瓦斯噴槍炙燒，迷人的香氣十分誘人。煮熟的番茄非常軟嫩，為避免食用過程中味道變淡，端上桌前事先淋上蒜泥、薑泥、芝麻油和食鹽混拌在一起的「大蒜生薑油」。

【味道構成要素】

- 醬底 ─┬─ 擔擔醬汁
　　　　└─ 番茄泥

- 什錦麵
- 湯底
- 配料 ─┬─ 番茄
　　　　├─ 炸醬肉末
　　　　│　〔製作方式參照P.46〕
　　　　├─ 韭菜
　　　　├─ 綜合起司
　　　　├─ 生薑醬汁
　　　　└─ 辣油〔製作方式參照P.45〕

麻辣內臟擔擔麵 1100日圓

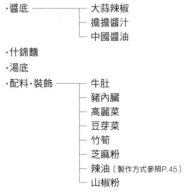

添加由食鹽、紹興酒、蔥、山椒和生薑的熱水熬煮4小時的牛肚和豬內臟，搭配大量蔬菜的擔擔麵。為配合內臟的口感，湯底調味稍微辣一些。最後澆淋辣油和山椒粉，並在湯裡添加以攪拌機將大蒜、生辣椒（泰國產）、食鹽及白絞油的「大蒜辣椒」。

【味道構成要素】

- 醬底 ─┬─ 大蒜辣椒
　　　　├─ 擔擔醬汁
　　　　└─ 中國醬油

- 什錦麵
- 湯底
- 配料·裝飾 ─┬─ 牛肚
　　　　　　├─ 豬內臟
　　　　　　├─ 高麗菜
　　　　　　├─ 豆芽菜
　　　　　　├─ 竹筍
　　　　　　├─ 芝麻粉
　　　　　　├─ 辣油〔製作方式參照P.45〕
　　　　　　└─ 山椒粉

Chinese Dining 方哉

青龍擔擔麵
1000日圓

為香菜愛好者設計的擔擔麵。不使用辣油，只以同樣添加於「麻辣內臟擔擔麵」的大蒜辣椒和椒麻醬添補辣味。椒麻醬由藤椒、蔥、生薑和白絞油混合調製而成。

【味道構成要素】

‧擔擔醬汁
‧什錦麵
‧湯底
‧配料‧裝飾 ────── 豆芽菜
　　　　　　　── 炸醬肉末
　　　　　　　　　〔製作方式參照P.46〕
　　　　　　　── 香菜
　　　　　　　── 韭菜
　　　　　　　── 大蒜辣椒
　　　　　　　── 椒麻醬
　　　　　　　── 山椒粉

MASA次郎擔擔麵
（玄武）1200日圓

一端上桌驚呼聲此起彼落。除小山般的高麗菜和豆芽菜，還有一塊大大的燉豬肉。麵條使用沾麵專用且添加全麥麵粉，分量十足的240g的粗麵。如同「整顆番茄起司擔擔麵」澆淋大蒜生薑油，高麗菜和豆芽菜也以大蒜生薑油調味，分量再多也吃不膩。另外也會隨餐附上一小盤大蒜。

【味道構成要素】

‧醬底 ────── 擔擔醬汁
　　　　　── 中國醬油
‧沾麵用粗麵
‧湯底
‧配料‧裝飾 ────── 豆芽菜
　　　　　　　── 高麗菜
　　　　　　　── 燉豬肉
　　　　　　　── 筍乾
　　　　　　　── 韭菜
　　　　　　　── 黑芝麻
　　　　　　　── 辣油〔製作方式參照P.45〕
　　　　　　　── 山椒粉

喀什米爾咖哩擔擔麵 1200日圓

2022年期間限定供應的「春季推薦麵」之一，由於廣受好評而列為常規菜單中的餐點。湯底裡添加咖哩塊、孜然和2支油煎過的羊排。除了辣油，也將香煎羊排時產生的油澆淋在擔擔麵上，試圖打造整體一致的風味。羊排也可作為排骨使用。

【味道構成要素】

・醬底 ─────── 擔擔醬汁
      咖哩塊
      大蒜辣椒
      中國醬油
      孜然粉

・什錦麵
・湯底
・配料・裝飾 ─────── 羊排
      韭菜
      蔥
      黑芝麻
      白芝麻
      腰果
      辣油
      〔製作方式參照P.45〕
      黑胡椒

轉為中火後放入八角和桂皮。

飄出香氣後，放入月桂樹葉子，轉為大火讓溫度升高。

溫度上升後，倒入打濕的辣椒粉並混拌均勻。持續攪拌讓辣椒粉和白絞油融合在一起，也避免辣椒粉燒焦。靜置冷卻。上層清澈的油作為辣油使用，沉澱下方的辣椒粉則用於製作辣味料理。

辣油

使用韓國產辣椒粉，避免辣味過於突出。將粗研磨辣椒、細研磨辣椒（甜味）、細研磨辣椒（辣味）以同分量比例混合在一起。邊調整油溫邊倒入調味蔬菜和辛香料，讓香味更加豐富。

材料

白絞油…500ml、綠色蔥段…200g
山椒（花椒和藤椒比例為1：1）…40g、辣椒粉…300g
八角…8個、桂皮…4片、月桂樹葉子…5片

將水倒入辣椒粉中，打濕辣椒粉備用。

燒熱白絞油，放入蔥段和生薑。

白絞油沸騰後，放入山椒。飄出香氣後過濾。

整體混合均勻後，倒入精白砂糖。攪拌均勻並以小火熬煮20～30分鐘。

關火，靜置1小時讓豬絞肉入味。

炸醬肉末

除了用於招牌擔擔麵和麻婆豆腐，也用於添加整顆番茄的「整顆番茄擔擔麵」和淋上藤椒製作椒麻醬的「青龍擔擔麵」等各種擔擔麵裡，所以調味得比較單純些。比起豬肉的口感，更重視味道，為了藉由肉末帶出整碗擔擔麵的風味。

材料

豬絞肉…500g、白絞油…30mℓ、醬油…50mℓ
中國醬油…25mℓ、精白砂糖…30g

鍋裡倒入白絞油燒熱，翻炒豬絞肉。使用粗絞肉。

炒散豬絞肉後，倒入中國醬油拌勻。

完成整顆番茄起司擔擔麵

材料

擔擔醬汁…80g、番茄泥…160㎖
什錦麵…140g、湯底…300㎖
番茄…1顆、炸醬肉末…50g、韭菜…5g
綜合起司…30g、大蒜生薑油…20g、辣油…30㎖

去掉番茄蒂並在頂部劃十字，汆燙備用。單手鍋裡放入湯底、擔擔醬汁、番茄泥和水煮番茄加熱，小心不要煮至沸騰，沸騰易導致番茄脫皮。

碗裡放入煮熟的麵條，注入 1 的湯底，稍微調整一下麵條位置。盛裝韭菜，撒上綜合起司，再將番茄擺在碗的正中央。番茄上澆淋大蒜生薑油。

以瓦斯噴槍炙燒起司。最後在番茄周圍澆淋辣油。

完成海鮮酸辣擔擔麵

材料

酸辣擔擔醬汁…80g、什錦麵…140g、湯底…300㎖
竹筍…5g、花枝…3g、章魚…5g、豆芽菜…40g
甜蝦（有頭）…1尾、蝦仙貝…1片、蔥…10g
櫻花蝦…20g、香菜…5g、蝦油…30㎖、辣油…20㎖

小鍋裡倒入擔擔醬汁和泰式酸辣湯醬，混合製作成專用醬底，然後再搭配湯底混合在一起。將芝麻醬、鹽醬汁、醬油、沙茶醬、豆瓣醬、醋、精白砂糖混合在一起調製擔擔醬汁。加入竹筍、花枝、章魚、豆芽菜一起加熱。小心不要煮到沸騰。

碗裡放入煮熟的麵條，注入加熱後的 1 湯底和配料，稍微調整一下麵條位置。

放入蔥、油炸甜蝦、蝦仙貝，然後撒些櫻花蝦，並以香菜裝飾。最後澆淋蝦油和辣油。

完成青龍擔擔麵

材料

擔擔醬汁…80g、湯底…300ml、豆芽菜…60g
什錦麵…140g、炸醬肉末…50g、香菜…30g
韭菜…5g、大蒜辣椒…20g
山椒麻油…20ml、山椒粉…5g

1 單手鍋裡倒入湯底、擔擔醬汁和豆芽菜加熱。

2 碗裡放入煮熟的麵條，將單手鍋裡的熱湯汁注入碗裡，稍微調整一下麵條位置。

3 依序盛裝炸醬肉末、香菜、韭菜。撒上大蒜辣椒、山椒麻油、山椒粉。

完成麻辣內臟擔擔麵

材料

牛肚…60g、豬內臟…60g、高麗菜…100g
竹筍…10g、豆芽菜…90g、大蒜辣椒…20g
湯底…300ml、擔擔醬汁…80g、中國醬油…20ml
什錦麵…140g、芝麻粉…5g、辣油…30ml、山椒粉…5g

1

2 汆燙高麗菜、竹筍和豆芽菜，然後加入內臟、大蒜辣椒、湯底、擔擔醬汁繼續加熱。由於蔬菜配料多，添加一些中國醬油讓味道更紮實。

3 碗裡放入煮熟的麵條，注入 **2** 的湯底和配料，稍微調整一下麵條位置。為了讓整體視覺更搶眼，將內臟配料擺在最上面。撒上芝麻粉，多澆淋一些辣油，最後再撒山椒粉。

完成喀什米爾咖哩擔擔麵

材料

羊排…2支、湯底…300mℓ、擔擔醬汁…80g
咖哩塊…90mℓ、人蒜辣椒…20y、中國醬油…20mℓ
孜然粉…20g、什錦麵…140g
湯底…300mℓ、黑芝麻…3g、白芝麻…3g
腰果…10g、辣油…30mℓ、黑胡椒…5g

單手鍋裡倒入擔擔醬汁、咖哩塊、大蒜辣椒、中國醬油以及孜然加熱。

碗裡放入煮熟的麵條，注入 1 的湯底，稍微調整一下麵條位置。盛裝煎過的羊排、韭菜、蔥。將煎羊排時產生的油也淋在上面。

撒上黑芝麻、白芝麻、堅果，並再多澆淋一些辣油。最後撒上黑胡椒。

完成MASA次郎擔擔麵（玄武）

材料

豆芽菜…300g、高麗菜…200g
大蒜生薑油…30mℓ、擔擔醬汁…80g
中國醬油…20mℓ、湯底…300mℓ
沾麵用粗麵…220g、燉豬肉…1塊（120g）、筍乾…3條
韭菜…5g、黑芝麻…5g、辣油…20mℓ、山椒粉…5g

小鍋裡倒入湯底、擔擔醬汁及中國醬油加熱。

碗裡放入煮熟的麵條，注入 1 的湯底和配料，稍微調整一下麵條位置。

盛裝煮過且拌有大蒜生薑油的高麗菜和豆芽菜，以及燉豬肉、筍乾、韭菜，最後在配料上撒黑芝麻，在周圍澆淋辣油和山椒粉。

中國菜 李白

[主廚 佐藤剛　料理長 木村侑史／東京都渋谷区恵比寿3-30-12 Mercury EBISU 1階]

擔擔麵（午餐套餐中的一道）

香濃的芝麻、香氣具層次感的辣油、帶酸味的醋，味道均衡且順口的湯頭，一推出就相當受到歡迎的擔擔麵。為了不影響湯頭味道，使用不加鹼水的麵條。重視肉品味道，所以只用牛肉製作炸醬肉末。有不少客人強烈地希望擔擔麵也能列入晚餐套餐的菜單中。

【味道構成要素】

- 醬底 ——— 醬油
　　　　　　 大蒜泥
　　　　　　 芝麻醬〔製作方式參照P.52〕
　　　　　　 辣油
　　　　　　 醋
　　　　　　 蔥（切蔥花）
　　　　　　 芽菜（切細碎）

- 麵條
- 湯底
- 配料 ——— 炸醬肉末〔製作方式參照P.51〕
　　　　　　 菠菜

辣油

將蔥頭、生薑、大蒜、陳皮、桂皮、八角、山椒和肉桂放入白絞油中，以小火慢慢熬煮1小時，讓香氣確實融入白絞油中。取出蔬菜和辛香料，讓油溫上升後再倒入打濕的朝天辣椒粉（粗研磨）。最後倒入增添風味用的焙炒芝麻。焙炒芝麻的用量要多到像是鍋蓋般覆蓋辣椒。

麵條

使用不加鹼水製作的麵條，中細直麵且伸縮彈性佳的麵條。如果使用加鹼水的麵條，鹼水味道容易滲透至麵條裡，對味覺敏感的人可能會十分在意。其他麵料理則使用加鹼水的中華麵。

炸醬肉末

為了讓客人品嚐到肉品本身的滋味，只使用瘦肉比例高的牛絞肉。調味時注意不要翻炒過度。

材料

牛絞肉（瘦肉7：肥肉3）…500g、生薑（切細碎）…10g
酒（清酒1：紹興酒1）…20g、醬油…30g
甜麵醬…30g、白絞油…適量

鍋裡倒入白絞油燒熱，翻炒牛絞肉。肉末熟了之後調味。不要翻炒至牛肉變脆硬。

移至容器中，置涼後使用。

芝麻變軟膨脹，出現香味且整體呈淡淡金黃色後，自火爐上移開並置涼。

將芝麻放入攪拌機中，加入少量白絞油攪拌研磨。

芝麻醬

不喜歡芝麻醬和湯底混合一起時，二者產生分離現象，所以只將芝麻和白絞油放入攪拌機拌勻後，就和湯底、醬汁混合在一起。湯底以醋調味，使芝麻醬和湯底混合一起時，整體味道更融合。由於香氣容易揮發，一次不能製作太多分量，必須頻繁多做幾次。

材料（比例）

研磨芝麻粒…1、白絞油…1

芝麻倒入鍋裡乾炒。以小火慢慢炒，要經常搖晃鍋子，以避免芝麻燒焦。

完成擔擔麵

材料

醬油…30mℓ、大蒜泥…少許、芝麻泥…60mℓ
辣油…15mℓ、醋…10mℓ、蔥（切蔥花）…少許
芽菜（切細碎）…少許、湯底…150g、麵條…140g
炸醬肉末…25g、菠菜…適量

碗裡倒入醬油、大蒜泥、芝麻醬、辣油、醋、蔥及芽菜。

2 注入熱湯，放入煮熟的麵條，盛裝炸醬肉末和燙菠菜。

逐次少料添加白絞油，持續攪拌。攪拌至看不到芝麻顆粒。

置於室溫下放涼，慢慢變成黏稠狀態的芝麻醬。

石臼挽き山椒 担々麺 麺山椒

[代表　加加美達也／神奈川県横須賀市追浜町2-64]

解説請參照P.97

擔擔麺 930日圓

【味道構成要素】

- ·醬底 ── 醬油醬汁
  - 山椒粉〔製作方式參照P.57〕
  - 辣椒粉
- ·湯 ── 湯底〔製作方式參照P.58〕
  - 芝麻醬〔製作方式參照P.56〕
  - 昆布醋
  - 大蒜泥
  - 蘋果番茄煮

- ·麺條
- ·配料 ── 辣油〔製作方式參照P.56〕
  - 肉味噌〔製作方式參照P.57〕
  - 小松菜
  - 煮筍
  - 油炸榨菜
  - 白髮蔥絲
  - 辣椒粉
  - 山椒粉〔製作方式參照P.57〕

無湯擔擔麵 930日圓

【味道構成要素】

· 醬底 ── 醬油醬汁
昆布醋
辣油〔製作方式參照P.56〕
芝麻醬〔製作方式參照P.56〕
大蒜泥
蘋果番茄煮
芝麻粉
山椒粉〔製作方式參照P.57〕
辣椒粉
湯底〔製作方式參照P.58〕

· 麵條

· 配料 ── 肉味噌〔製作方式參照P.57〕
小松菜
高麗菜
煮筍
油炸榨菜
白髮蔥絲
辣椒粉
山椒粉〔製作方式參照P.57〕

解說請參照P.99

辣油

大量使用陳皮和八角以突顯辛香料香氣的自製辣油。不使用動物油製作擔擔麵，所以辣油裡添加具濃郁香氣的花生油。另外也為了讓整體風味更融合，以同樣的香料調味肉味噌。

材料

花生油、蔥頭
大蒜（切片）、肉桂、八角
陳皮、純辣椒粉（粉末）、朝天辣椒（粉末）

將辣椒以外的材料放入中華炒鍋中，以中火加熱。

食材上色後，大概比豆皮色深一些時即關火。不需要過濾，直接將熱油淋在辣椒上並充分拌勻。這時候要多留意，若沒有確實混合均勻，辣油無法呈現漂亮顏色。辣油靜置2天，使用當天過濾後再使用。

芝麻醬

顆粒和粗糙口感容易妨礙喝湯時的順暢感，所以要事先將芝麻處理到滑順的奶油狀。使用脫皮芝麻的口感比較好，但少了芝麻皮就少了一種風味，所以這裡另外使用花生油以添補不足的濃郁香氣和風味。

材料

焙炒脫皮芝麻（白芝麻）…500g
花生…100g
花生油…350g

將焙炒脫皮芝麻、花生和花生油倒入攪拌機中攪拌20分鐘。攪拌至沒有顆粒、沒有粗糙感的滑順奶油狀。

放涼後再測量會比較精準。

肉味噌

雞肉、豬肉、牛肉的比例為1：3：1，同樣都是粗絞肉。單用豬肉的話，味道過於單調且沒有層次感，而單用牛肉的話，成本過高，因此折衷添加雞肉，既節省成本又增加味道的豐富性。另一方面，只用牛肉和豬肉，味道可能過於厚重，添加雞肉有助於增加清爽感。

材料

大蒜（切蒜末）、生薑（切碎）
沙拉油、五香粉、葛拉姆瑪薩拉香料（印度綜合香料）
黑胡椒、雞絞肉、豬絞肉
牛絞肉、榨菜（切丁）
乾香菇（切丁）、長蔥芯的部位（切細碎）
豆瓣醬、甜麵醬、蠔油
三溫糖、蘋果番茄煮

用沙拉油拌炒蒜末和切細碎的生薑，快燒焦且出現香氣後，加入五香粉、葛拉姆瑪薩拉香料及黑胡椒繼續拌炒。

飄出香料的香氣後，放入雞、豬、牛絞肉混合均勻。以小火翻炒40～50分鐘至沒有湯汁為止。

山椒粉

純手工製作，費時又費力。使用石臼研磨，比較不會因為摩擦而生熱，香氣也比較不容易揮發。以同樣分量混合3種山椒，兼具新鮮香氣與麻味。但是山椒經研磨後，香氣與麻味無法持續到隔天，必須妥當天使用完畢。

材料

和歌山產葡萄山椒（整顆）
四川藤椒（整顆）、漢源花椒（整顆）

將當天需要的3種山椒份量放入石臼裡，慢慢研磨。

過篩後的剩餘部分再次放入石臼裡研磨。研磨至剩下殼為止，這項作業反覆操作10次以上。

湯底

主要食材為雞肉。烹煮擔擔麵時經常會使用多種香料，但湯底本身若不夠突出，可能無法互相匹敵，因此刻意調製味道濃郁的湯底。但使用白湯的話，味道又可能過於濃厚，因此以40ℓ的水搭配40kg雞骨熬製毛湯。由於雜味也能變成鮮味，所以製作過程中刻意不撈出浮渣。

材料

雞頭骨…20kg、連頭的雞骨架…10kg、豬背骨…10kg
豬前腿骨…1kg、前一天熬煮的豬前腿骨和雞腳…2kg
水…40ℓ、高麗菜芯、蔥頭

所有材料放入裝水的湯桶鍋裡。事先用熱水沖洗一下豬背骨、連頭的雞骨架的髒汙。

蓋上鍋蓋，以大火加熱。

除去血合肉。為了增加湯底的濃郁度，刻意不撈除浮渣。

加入切丁榨菜、泡水恢復原狀的香菇、切細碎的長蔥芯部位和調味料，以文火翻炒10～15分鐘至沒有水分為止。

稍微放涼後，靜置冰箱冷藏一晚。

6

湯桶鍋置於流理台中置涼，稍微放涼之後移至冷凍庫裡，隔天再使用。

7

加熱沸騰湯底時，撈除表面油脂。但全部撈除易導致保溫效果變差，因此刻意留下一些作為蓋子使用。

4

5

湯表面變清澈後，轉為小火，以不沸騰為原則，繼續熬煮6〜7小時。直到雞骨、豬骨變軟後，再適度攪拌一下。

以濾網過濾整鍋湯。還留有骨髓的豬前腿骨可用於下一次的熬煮，取出後冷凍保存。

ビンギリ

[代表　鈴木健兒／東京都杉並区桃井1-12-16]

勝浦擔擔麵 850日圓

【味道構成要素】

・醬底 ────── 濃味醬油
　　　　　　　　真昆布
　　　　　　　　日本鰹魚乾
　　　　　　　　大蒜
　　　　　　　　生薑
　　　　　　　　精製鹽
　　　　　　　　上白糖
　　　　　　　　魚露
　　　　　　　　味醂
　　　　　　　　清酒

・湯底 ────── 白湯〔製作方式參照P.62〕
　　　　　　　　沙拉油
・麵條 ────── 方形捲麵
・配料 ────── 勝浦擔擔麵專用肉味噌
　　　　　　　　〔製作方式參照P.64〕
　　　　　　　　洋蔥
　　　　　　　　韭菜
　　　　　　　　花椒

解説請參照P.186

ビンギリ

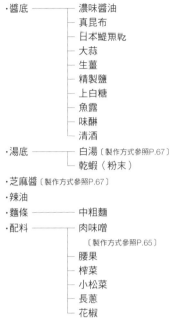

品味堅持擔擔麵 800日圓

【味道構成要素】

- ·醬底 ── 濃味醬油
  - 真昆布
  - 日本鰹魚乾
  - 大蒜
  - 生薑
  - 精製鹽
  - 上白糖
  - 魚露
  - 味醂
  - 清酒
- ·湯底 ── 白湯〔製作方式參照P.67〕
  - 乾蝦（粉末）
- ·芝麻醬〔製作方式參照P.67〕
- ·辣油
- ·麵條 ── 中粗麵
- ·配料 ── 肉味噌
  - 〔製作方式參照P.65〕
  - 腰果
  - 榨菜
  - 小松菜
  - 長蔥
  - 花椒

解説請參照P.189

無湯擔擔麵 800日圓

【味道構成要素】

- ·醬底 ── 濃味醬油
  - 香辣醬
  - 甜麵醬
  - 芝麻醬
  - 〔製作方式參照P.67〕
  - 蒜泥
  - 香醋
  - 切碎豆豉
- ·辣油
- ·麵條 ── 扁麵
- ·配料 ── 肉味噌
  - 〔製作方式參照P.65〕
  - 腰果
  - 韭菜
  - 乾蝦
  - 香菜
  - 長蔥
  - 炸洋蔥
  - 紅辣椒絲
  - 花椒

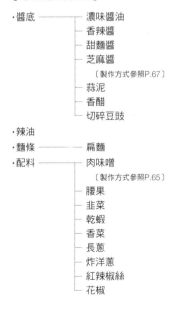

解説請參照P.188

白湯

開業之初，擔擔麵專賣店還算是罕見，為了區別不同於一般中華料理店以清湯製作的擔擔麵，刻意使用濃郁白湯烹煮擔擔麵。雞骨和豬骨的比例為2：1。過去曾經以1：1的比例熬湯，但為了增加鮮味，現在提高雞骨的比例。豬前腿骨的熬煮時間較久，所以使用豬背骨。先以製作清湯的方式慢慢熬煮，但最後1小時要一口氣用大火熬成白湯。

材料

水、豬背骨、全雞、連頭的雞骨架、全雞（切粗碎的老雞）、長蔥的蔥青部位、大蒜、生薑、紅蘿蔔、洋蔥

將前一天置於冷藏室解凍的豬背骨放入裝好水的湯桶鍋裡，以大火加熱至沸騰。將豬背骨切割面（骨骼內部露出的那面）朝下放入鍋裡，使骨髓容易融入湯裡。

生薑上還沾有塵土，所以要削皮切片，大蒜則對半切開。洋蔥剝皮切片，紅蘿蔔帶皮切片。

煮沸騰之後撈除浮渣。大部分浮渣撈除後，轉為中火，繼續撈除浮渣讓湯表面變清澈。這時也順便用乾淨的布將沾於鍋內壁的浮渣擦乾淨。浮渣全部撈除乾淨之後，轉為小火，不蓋上鍋蓋繼續熬煮2小時。

為了盡快讓食材的鮮味與香氣融入湯裡，事先用菜刀劃開全雞的雞翅和雞腿根部，在整塊雞肉上劃一道淺淺的刀痕。雞翅前端、雞胸部位也先攤平割開。雞翅前端、雞腿、頸部的骨頭用手折斷備用。

撈除豬背骨浮渣的2小時後，放入連頭的雞骨架、切粗碎的老雞、劃有刀痕的全雞，再次以大火熬煮。為避免老雞變硬，先用木鏟將肉撥鬆後再放進去。

沸騰後撈除浮渣。撈除大部分浮渣後轉為中火，繼續撈除浮渣讓湯表面變清澈。輕輕撥動雞骨和豬骨，將下方的浮渣也撈除乾淨。浮渣全部撈除乾淨後，轉為小火，在沒有蓋上鍋蓋的情況下繼續熬煮2小時。

ビンギリ

撈除雞骨浮渣的2小時後，撈起雞油（雞油只用於製作ビンギリ拉麵）。但為了維持湯的品質和之後的乳化作業，盡量不要把所有雞油全部撈光，留下足夠的雞油覆蓋於湯的表面。

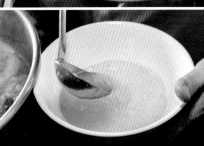

撈取雞油後，放入調味蔬菜，再次轉為大火熬煮。

沸騰後同樣撈除浮渣，轉為小火。

撈除蔬菜浮渣的1至2小時後（依湯頭的狀態調整時間），轉為大火熬煮10分鐘，在這個過程中持續用木鏟攪拌，大約1個小時就可以完成白湯。

經過1小時後，用濾網過濾掉成為碎屑的食材與骨頭。

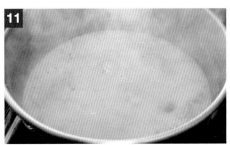

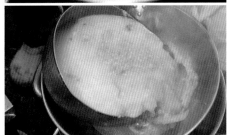

置於流理台放涼。稍微冷卻後移至冷藏室靜置一晚，於隔天使用。

沙拉油和大蒜香氣融合在一起後，轉為大火，再放入豬絞肉一起翻炒。

混濁的油變清澈後，加入 **1** 混拌好的辣椒繼續翻炒。

全部均勻混合在一起後，添加蒜泥和鮮味素調味。

勝浦擔擔麵專用的肉味噌

勝浦擔擔麵的主角是肉味噌和洋蔥，使用存在感較為強烈的粗絞豬肉。以帶甜味的韓國產辣椒、嗆辣的純辣椒粉、辣味強勁的滿天辣椒呈現多樣化辣味。最後以帶有豬肉鮮味，浮在表面的油作為勝浦擔擔麵的專用「辣油」。

材料

沙拉油、蒜末、超粗絞豬絞肉、純辣椒粉、滿天辣椒、韓國產辣椒（粗研磨）、蒜泥、鮮味素、濃味醬油、紹興酒、碎豆豉、郫縣豆瓣醬

事先將純辣椒粉、滿天辣椒、韓國產辣椒混拌在一起備用。

將沙拉油和切碎的蒜末放入中華料理鍋裡，以小火炒至蒜末上色且飄出陣陣香味。

肉味噌

帶有甜味且濃郁的中式肉燥。由於不另外用於烹煮麻婆豆腐等其他料理，可以確實地調味，製作成肉感十足的擔擔麵專用肉味噌。若覺得粗絞肉過於搶眼，可以改用中絞的豬絞肉。確實地翻炒至微焦感，才能帶出絞肉本身的鮮味。

材料

芝麻油、豬絞肉（中絞肉）、郫縣豆瓣醬、紹興酒、濃味醬油、碎豆豉、甜麵醬

鍋內緣抹上芝麻油，以大火燒熱，冒煙後放入豬絞肉。不要過度攪拌，讓絞肉貼於鍋內緣，有焦香感後再翻炒。

充分混拌後加入濃味醬油和紹興酒。

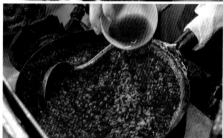

混拌均勻後加入碎豆豉和豆瓣醬調味。

移至碗裡並置於冰水上冷卻。冷卻後充分攪拌均勻，肉燥在一起的狀態下靜置於冷藏室一天。讓辣油的味道確實和肉燥混合在一起。冷凍可以保存更久。

開始出現滋滋聲，表面的油變透明後，加入豆瓣醬。不要使勁用力將豬絞肉和豆瓣醬混合在一起，而是先在上層豬絞肉上挖個凹槽，再將豆瓣醬倒在凹槽裡的油上面，讓香氣和油充分融合在一起。油的顏色轉紅後，再和豬絞肉拌炒在一起。

湯汁收乾後倒入碎豆豉和甜麵醬，繼續翻炒。

置於冰水上冷卻。撈除浮在表面的油脂，移至密封盒，隔天再使用。冷凍可以保存久一點。

豬絞肉和豆瓣醬充分混合在一起後，倒入紹興酒和濃味醬油。

ビンギリ

加入市售芝麻醬，再次以打蛋器混拌均勻。

芝麻醬

將以菜籽油製作的市售芝麻醬，以及使用焙炒芝麻、芝麻粉、芝麻油製作的自家芝麻醬，以1：1的比例一起混合，追求效率和原創的美味。自製芝麻醬刻意留下顆粒口感，營造手作感。

材料

焙炒芝麻、芝麻粉、芝麻油、市售芝麻醬

將焙炒芝麻和芝麻粉倒入研磨機中，磨成泥狀。

添加芝麻油，用打蛋器混拌均勻。

辣油

充滿辛香料獨特香氣的中式辣油。為了突顯辛香料的風味,這裡只使用一種辣椒。靜置2天讓香氣充分融入辣油中。

材料

純辣椒粉、和山椒、五香粉、熱水、沙拉油、大蒜、花椒(紅/整顆)、長蔥的蔥青部分

1 碗裡倒入純辣椒粉、和山椒、五香粉、熱水混合在一起。

2 中華料理鍋裡倒入沙拉油,然後放入搗碎的蒜頭、花椒和長蔥的蔥青部分,以小火慢慢熬煮至180℃。

3 自鍋裡取出大蒜和蔥青,以大火繼續加熱至200℃。

4 將熱油 **3** 以繞圈方式淋在 **1** 上面,充分混合均勻。

5 覆蓋保鮮膜將香氣鎖在裡面,靜置於室溫下,2天後以篩網過濾後再使用。

四川担々麺 花椒房

[代表　熊谷貢／東京都世田谷区二軒茶屋2-10-14 昭和ビル1F]

麻辣羊羔肉擔擔麵 1200日圓

一位沒有受限於先入為主觀念的義大利主廚所獨創的擔擔麵。以醬油和韓國辣椒醬、甜麵醬、孜然、砂糖等調味羊羔肉和豬頸肉，口味獨特又是期間限定餐點，當時受到不少忠實顧客的喜愛，由於評價實在太好，後來正式列為常規菜單的品項。不使用動物類食材熬湯，而是以乾香菇、昆布、鰹魚、小魚乾等熬製湯底。

【味道構成要素】

- 醬底 —— 九州醬油和黑醋
　　　　 白胡麻醬
　　　　 辣油
　　　　 花椒
- 湯底
- 麵條
- 配料 —— 羊羔肉味噌
　　　　 青蔥
　　　　 腰果
　　　　 炸洋蔥

羊羔肉味噌的主要目的是襯托甜味，突顯辣油和花椒的辣味與香氣。

羊羔肉味噌

羊羔肉和豬頸肉的比例為3：1。一次製作4kg分量，大約是50人份。使用澳洲產羊羔肉和日本國產豬頸肉。羊羔肉進貨時都是冷藏狀態，指定購買粗絞1次的肉品以保留口感。添加豬頸肉也是為了打造不同於一般絞肉的口感。

> **材料**

羊羔肉…3kg、豬頸肉…1kg
生薑…200g、泡發乾香菇…15個
綜合調味料（九州醬油50g、韓國辣椒醬50g、甜麵醬20g、孜然適量、砂糖100g等）、水溶太白粉…適量

將羊羔肉和豬頸肉分別倒入2個平底鍋，以大火煎炒5分鐘左右。之後會再加熱，所以適度煎炒就好。

表面變硬且絞肉聚攏成一團後放入鍋裡，加入生薑、香菇、調味料，加熱3分鐘左右。

倒入水溶太白粉，讓食材和油脂結合在一起。以撥散大絞肉塊的感覺混拌均勻。

太白粉熟了就大功告成。靜置1天讓味道確實滲透至食材裡，於隔天中午使用。

担々飯店

[代表　小關直行／東京都千代田区神田錦町1-23-8]

擔擔麵 880日圓　解説請參照P.172

【味道構成要素】

- 醬底
  - 醬油醬汁
    - 濃味醬油
    - 昆布
    - 鰹節
    - 調味蔬菜等
  - 芝麻醬
    - 芝麻泥
    - 芝麻粉
- 湯底
  - 連頭的雞骨架
  - 洋蔥
  - 大蒜
  - 生薑
  - 昆布
- 配料
  - 炒青菜
    - 沙拉油
    - 大蒜
    - 豆芽菜
    - 韭菜
    - 黑木耳
    - 鹽和胡椒
    - 芝麻油
  - 肉味噌
  - 腰果
  - 切碎洋蔥
  - 花椒

- 米醋　·辣油〔製作方式參照P.73〕　·花椒　·麵條
- 自製辣粉
  - 純辣椒粉
  - 大蒜
  - 生薑

無湯擔擔麵 880日圓

【味道構成要素】

- 芝麻醬汁 ── 專用醬油醬汁
  - 芝麻醬 ── 芝麻泥
    - 芝麻粉
  - 香辣醬
  - 芝麻油
  - 米醋

- 辣油〔製作方式參照P.73〕

- 自製辣粉 ── 純辣椒粉
  - 大蒜
  - 生薑

- 麵條

- 配料 ── 水煮豆芽菜
  - 豆苗
  - 腰果
  - 切碎洋蔥
  - 肉味噌

解説請參照P.174

3

油的表面開始冒泡後轉為中火。

4

熬煮約30分鐘至所有食材變色。溫度過高容易出現雜味，所以根據辣椒和油的顏色來判斷關火時間點。

5

直接靜置於常溫下2天，並於過濾後使用。

辣油

同時使用辣油和山椒油易顯得油膩，所以店裡自製兼具辣味與麻味的辣油。不僅帶出辛香料的味道和香氣，也由於使用大量花椒，更增添香味與麻味。

材料

洋蔥、生薑、大蒜、花椒（紅、綠）
鷹爪辣椒、朝天辣椒、純辣椒
朝天辣椒粉、八角、肉桂（由樹根製作）、沙拉油

1

洋蔥切成楔狀、生薑帶皮切成薄片、大蒜橫向切片。所有材料倒入已裝有沙拉油的鍋裡，用以大火加熱。

2

熬煮至沸騰，並且持續以木鏟攪拌以避免燒焦。

中華そば くにまつ

〔代表 松崎司／広島県広島市中区八丁堀8-10 清水ビル1F〕

無湯擔擔麵 原味
600日圓〜（依各分店而異）

【味道構成要素】

- 五香辣油〔製作方式參照P.75〕
- 醬油醬汁〔製作方式參照P.76〕
- 芝麻醬〔製作方式參照P.76〕
- 湯底 ── 雞骨
          ── 豬背脂
          ── 調味蔬菜等
- 麵條
- 配料 ── 肉味噌
          〔製作方式參照P.77〕
          ── 長蔥
          ── 花椒

解説請參照P.148 ▷

無湯擔擔麵 新味
630日圓〜（依各分店而異）

【味道構成要素】

- 五香辣油〔製作方式參照P.75〕
- 醬油醬汁 ── 濃味醬油
            ── 豆豉
            ── 香醋
- 芝麻醬〔製作方式參照P.76〕
- 湯底 ── 雞骨
          ── 豬背脂
          ── 調味蔬菜等
- 麵條
- 配料 ── 肉味噌
          〔製作方式參照P.77〕
          ── 青蔥
          ── 花椒

解説請參照P.150 ▷

鍋裡倒入沙拉油、芝麻油、肉桂、八角、花椒、陳皮、鷹爪辣椒、長蔥及生薑，以適中的火候加熱10分鐘至160～170℃。

蔥段變成淺豆皮色後，用篩網將食材撈出來。

再次將油加熱至160～170℃，然後將熱油一口氣倒入沾濕備用的純辣椒粉中。攪拌以避免燒焦，冷卻後過濾。靜置於常溫下1星期左右後再使用。

五香辣油

比起辣味，更重視香氣，所以使用純辣椒粉為基底。大量使用肉桂、八角、陳皮、花椒等辛香料，搭配鷹爪辣椒一起使用沙拉油和芝麻油熬煮萃取。

材料

純辣椒粉…600g、芝麻油…750mℓ
長蔥…125g、生薑…75g、沙拉油…5250mℓ
芝麻油…750mℓ、肉桂（整顆）…40g、八角…40g
花椒…40g、陳皮…40g、鷹爪辣椒…40g

將純辣椒粉倒入碗裡，以芝麻油沾濕備用。

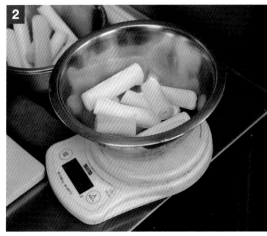

長蔥切成容易入口的大小，生薑帶皮切片備用。

芝麻醬

重視濃郁度和濃稠度，過於滑順反而無法讓人留下深刻印象，所以刻意不將芝麻研磨得太細。吸吮麵條時可以感覺到芝麻的顆粒口感，讓人留下難以忘懷的深刻印象。

材料

焙炒芝麻…1kg
沙拉油…1ℓ

將焙炒芝麻與沙拉油混合在一起。

使用食物調理機研磨，但不要研磨到過於滑順的程度。

醬油醬汁

以減法的概念調製醬汁，只使用醬油和穀物醋，打造純樸美味。濃味醬油是以古法釀製的本釀造醬油，搭配一般家庭也經常使用的穀物醋，製作出吃不膩的好味道。

材料

濃味醬油（本釀造）
穀物醋

將穀物醋加入濃味醬油裡混合在一起。

肉味噌

以自製甜麵醬調製甜味肉味噌。使用100%細絞的豬絞肉，瘦肉和肥肉的比例為8：2。以大火一口氣煮熟，能夠保留多汁且柔軟的口感。

材料

沙拉油…少許、豬絞肉（瘦肉8：肥肉2）…2kg
自製甜麵醬…400g、紹興酒…200mℓ

平底鍋內緣抹上沙拉油，接著放入豬絞肉、紹興酒和甜麵醬，以大火翻炒。

絞肉表面的油脂變透明後就大功告成了。置於笊籬或篩網上，過濾掉多餘的油脂。

甜麵醬

以八丁味噌和上白糖製作甜味的自家甜麵醬。以多一倍的沙拉油稀釋芝麻油，可以避免油膩感。完成後置於冷藏室保存。稍微放涼後即可使用。

材料

八丁味噌…8kg、上白糖…6kg、濃味醬油…400mℓ
水…8000mℓ、沙拉油…800mℓ、芝麻油…400mℓ

鍋裡倒入八丁味噌、上白糖、濃味醬油和水，以大火加熱。

沸騰後轉為中火，逐次少量添加事先混合好的沙拉油與芝麻油，持續攪拌均勻。

熬煮至番茄醬的濃稠度後關火。

担々麺 琉帆RuPaN

[代表 森元誠／東京都足立区栗原1-18-8]

擔擔麵 850日圓

【味道構成要素】

・芝麻醬底〔製作方式參照P.80〕
・湯底〔製作方式參照P.81〕
・麵條
・配料 ———— 長蔥
　　　　　 ├ 豆芽菜
　　　　　 └ 青江菜
・肉味噌〔製作方式參照P.81〕
・辣油〔製作方式參照P.82〕

解説請參照P.166

無湯擔擔麵 900日圓

【味道構成要素】

・芝麻醬底〔製作方式參照P.80〕
・麵條
・配料 ┬ 豆芽菜
　　　　├ 青江菜
　　　　├ 日本水菜
　　　　├ 小番茄
　　　　└ 白芝麻

・麵條
・肉味噌〔製作方式參照P.81〕
・辣油〔製作方式參照P.82〕

解說請參照P.170 >

4 將白絞油倒入中華料理鍋，放入長蔥的蔥青部分和生薑加熱。食材開始微焦時即取出。

取出蔥青和生薑後，將油繼續加熱至230℃，逐次少量加入絞磨2次的白芝麻，充分混合均勻。

直接靜置於常溫下1天，完成芝麻醬。

加入醬油醬汁、穀物醋、芝麻油、乾蝦、切碎腰果、切細碎榨菜，置於冷藏室2晚熟成。

芝麻醬底

由於全部手工製作，所以光製作芝麻醬就需要耗時3天。和醬油醬汁混合一起後，靜置2晚熟成。確實靜置才能讓芝麻醬與醬油醬汁充分融合在一起，醋的酸味也會變得溫潤些。芝麻容易氧化，一旦氧化便會失去原有的風味，所以基本上1星期製作1、2次，確保新鮮的最佳風味。

材料

芝麻醬（白芝麻、白絞油、長蔥的蔥青部分、生薑）
醬油醬汁（淡味醬油、調味蔬菜、水、粗鹽、蔗砂糖、鰹魚厚切柴魚片、利尻昆布）
穀物醋、乾蝦、腰果、榨菜、芝麻油

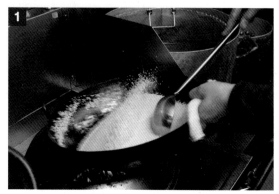

白芝麻倒入中華料理鍋裡，以小火乾炒20～30分鐘，不停翻炒以避免燒焦。愈炒會愈香，但注意顏色過深時，就會容易出現芝麻鹼味。

靜置一晚，讓白芝麻確實冷卻。

以絞肉機絞2次，將白芝麻磨成泥。

甜味肉味噌

使用100%豬絞肉,以口感較佳的中絞肉為主。不使用辣油或豆瓣醬等辛辣醬料調味,使用自製甜麵醬,製作帶甜味的肉味噌。不敢吃辣的大人或小孩都能吃得津津有味。

材料

豬絞肉、白絞油
自製甜麵醬、料理酒

中華料理鍋內緣抹上白絞油,以大火翻炒豬絞肉。混拌均勻避免結塊。整體炒熟。

使用漏杓確實地瀝乾多餘的油脂。

將甜麵醬和料理酒倒入中華料理鍋裡,充分抹在鍋內緣。

湯底

豚骨湯和白湯的味道過於濃郁,可能會蓋掉好不容易特製的芝麻風味,所以搭配清爽的雞清湯一起使用。烹煮帶有雞肉鮮味與蔬菜甜味的溫潤湯底。

材料

連頭的雞骨架、雞頭、雞腳、紅蘿蔔
洋蔥、生薑、長蔥的蔥青部分、大蒜

以清水沖洗雞骨,和調味蔬菜一起放入裝好水的鍋裡,從冷水開始慢慢熬煮。沸騰前以大火加熱,沸騰後撈除浮渣。轉為文火慢慢熬煮4~5小時到雞骨表面開始碎裂。

關火之後過濾,清湯稍微冷卻後移至冷藏室。靜置1晚,於隔天再使用。

甜麵醬

使用京都「京櫻」的味噌製作。市面上的甜麵醬多使用花生油，香氣比較濃郁，而自製甜麵醬雖然香氣較為不足，但能夠活用味噌原本的濃郁鮮味、香氣、甜味和層次感。

材料

京都的京櫻味噌、濃味醬油
水、蔗砂糖

3 沸騰後，放入拌炒過的豬絞肉調味。

將味噌、濃味醬油、蔗砂糖和水混合在一起，以打蛋器充分拌勻。

2 以大火加熱，沸騰後轉為文火熬煮大約2小時。使用打蛋器或木鏟、矽膠刮刀適度攪拌以避免燒焦。稍微放涼後移至冷藏室保存。

辣油

不使用八角或肉桂（由樹根製作）等香氣較為濃郁的香料，使用純辣椒粉製作單純香氣的辣油。燒熱添加長蔥的白絞油，澆淋在純辣椒粉和鷹爪辣椒上，靜置2天熟成，過濾後使用。

材料

純辣椒粉、鷹爪辣椒、長蔥、白絞油

擔擔麵專賣店夯店的菜單與販售方式

しろくま

每日更換沙拉菜單，充滿迷人多樣化的美味原創擔擔麵

無湯擔擔麵 950日圓

以乾燥大豆、花生、酥炸蒜片、油蔥酥、香菜等混合製作成堅果粉，再搭配甜味肉味噌、鹹芽菜調製多樣化風味的擔擔麵。使用Q彈口感的中粗扁麵，揉製麵團時添加粗顆粒全麥麵粉，強調特殊味道與口感。再搭配每日更換大量蔬菜種類的沙拉，處處可見擔擔麵的獨創特色。

每天更換4～6種蔬菜作為配料。

挑選混合在一起時也不易變黏稠，而且能充分吸附醬汁的麵條。

味道構成要素

蔥

將長蔥蔥花添加於醬底中。與其直接作為配料，添加於醬底中更能襯托出甜味與香氣。與醬底混合在一起，也有助於去除長蔥本身的刺鼻性氣味。

醬底

混合醬油醬汁（濃味醬油、砂糖、味醂）、芝麻醬（玉米胚芽油、焙炒芝麻、芝麻粉、壺底醬油、味醂）、花生奶油、香辣醬、郫縣豆瓣醬、紅味噌以及白味噌調製而成。

湯底

添加少量湯底稀釋醬底，使用打蛋器輕輕攪拌。湯底為雞骨、蔥頭、生薑等熬煮4個小時的毛湯，能夠讓擔擔麵的味道更為圓潤甘甜。

辣油

以加熱至170～175℃的芝麻油和玉米胚芽油熬煮乾炒朝天辣椒、鷹爪辣椒、調味蔬菜30分鐘，然後淋在桂花陳酒、粗研磨辣椒、韓國辣椒、純辣椒粉上調製而成。

麵條

使用「森製麵」（大阪市鶴見區）的中粗扁麵，添加全麥麵粉，並且以14號的切麵刀切條。加水率大約為39％，煮麵時間設定為2分30秒。端上桌前先將麵條與醬底輕輕混拌在一起。

醋

用以1：1的黑醋和米醋混合而成。米醋並非用來增加酸味，而是用來軟化黑醋的澀味。另一方面，透過使用大家熟悉的調味料，打造大家更容易接受的味道。

芽菜

四川料理不可或缺的醬漬青菜。濃郁的醃漬味具畫龍點睛的效果，瞬間讓整體味道更顯得豐富。稍微清脆的口感也增添一些咀嚼樂趣。

山椒、山椒油

使用以山椒油為基底的玉米胚芽油。將燒熱後的玉米胚芽油淋在花椒粉末上，冷卻後再次加熱可以進一步提煉出麻味。由於使用大量山椒，透過將整體充分混合均勻，讓麵體的香氣更加濃郁。

肉味噌

使用100%日產豬肉（粗絞肉）。以甜麵醬、料理酒、濃味醬油、味醂調味。由於不加辣，不擅長吃辣的客人也能輕鬆享用。肉味噌既可以作為單點菜餚，也能活用於各種料理中，用途非常廣泛

沙拉

採訪當天使用的是綜合生菜葉、日本水菜、火箭菜、皺葉萵苣、鴨兒芹。不僅是用來轉換味道，也因為使用大量具有香氣的蔬菜而讓整體風味更顯立體，讓人留下深刻印象。

堅果粉

混合研磨成粉狀的乾燥大豆、花生、芝麻、酥炸蒜片、油蔥酥、香菜、花椒、純辣椒粉製作而成。透過層層風味的堆疊，打造豐富多樣化的味道。

變化版

有湯擔擔麵 950日圓

在辣湯裡添加孜然粉，增添東方味。湯底搭配山椒
油，最後再淋上辣油。除了濃郁的芝麻醬，由於醬
底裡添加白味噌、紅味噌、香辣豆瓣醬和郫縣豆瓣
醬，味道更具層次感。和「無湯擔擔麵」一樣使用
中粗扁麵，但上桌前不事先攪拌，麵條口感更加滑
順。湯底用量比「無湯擔擔麵」多，所以每天限量
供應。

辣油、山椒油、七星椒、漢源山
椒，大家可依個人喜好自行取用。

以油脂含量高且鮮味濃郁的焙炒芝
麻搭配芝麻粉製作芝麻醬。

擔擔冷麵 890日圓

搭配濃味醬油、芝麻醬、辣油、豆瓣醬、檸檬汁、日式芥末等調製的專用醬汁一起食用的擔擔冷麵。麵條以冷水冰鎮，口感更為Q彈且有嚼勁。再佐以沙拉、肉味噌、榨菜、芽菜、芝麻等配料。麵體上澆淋山椒油和山椒。

無湯擔擔麵 890日圓

沒有辣味和麻味，充滿蝦風味的拌麵。以日本毛蝦和沙拉油製作濃郁的蝦油，搭配味道溫和的醬油製作醬底。配料包含炸蝦、榨菜、生薑、青紫蘇、泡菜風味的醋醃洋蔥。是一道深得女性、小孩、老人喜愛的餐點。

以能夠壓低開業成本的拉麵店入行，
搭配夜間的正宗中華料理慢慢拓展口碑

　　老闆原是中華料理廚師，關於獨立開業，老闆最初的想法是「先以初期廚房設備費用較低且容易獨立操作的拉麵店起頭，然後再陸續增加中華料理餐點以慢慢拓展口碑。」因此老闆花了共計10年左右的時間在愛知縣豐橋市「中華菜館 蘭華」和大阪府豐中市「中華菜房 古谷」磨錬烹煮中華料理的技術，然後再於大阪有名的拉麵店「鹽元帥」累積經驗。「我認為拉麵可以鞏固我多年來累積的知識與技術，對於經營一人包辦的小店也很有幫助」。

　　另一方面，之所以選擇擔擔麵專賣店，是因為利益雖少，卻更能打造專屬於自家麵店的特色。「開店的同時，我們也建立店家網站，方便所有人搜尋檢索。而實際上，開店1、2個月後，週末便開始有遠道而來的客人。濃縮餐點種類也有助於減少損失。由於是一人包辦的經營方式，所以主打餐點是不需要額外多花時間加熱湯底的「無湯擔擔麵」。藉由濃縮菜單，不僅操作更簡單，也因為獨具專門性而吸引不少客人上門。「拌麵是一道能夠融合各類料理與食材的麵食，最大魅力在於能夠輕鬆打造不同個性與變化。」夜間營業時段，以活用肉味噌的「麻婆豆腐」為主，還有許多像是「黑醋豬肉」、「蒜蓉蒸豬肉」等正宗中華料理，價錢都差不多是1100日圓起跳。約有1成的客人是衝著中華料理而來。

　　長年受到中華料理的薰陶，深知辛香料、調味料、香料等食材使用方法無法一言蔽之，無論吃什麼料理，都能品嚐到鮮味、香氣互相交織的多層次味道。雖然使用不少當地食材，但也不忘添加味醂、醬油、高湯等令人熟悉的味道，這些可是吃來順口的一大功臣。而真正的看家本領則是搭配鰹魚昆布高湯一起享用的收尾高湯茶泡飯。這道創意餐點能夠輕輕療癒留在舌尖上的辛香料刺激，大約8～9成的客人會加點這道餐點，這同時也有助於提高客單價。

最後淋上「高湯」
以茶泡飯劃下句點！

　　無湯擔擔麵的麵量較少，只有125g，因此8～9成的客人通常會再加點收尾飯。白飯和裝有「柴魚花昆布高湯」的熱水瓶一起端上桌，以茶泡飯為這一餐拉下序幕，而這也是這家店的最大特色。晚餐時段的收尾飯是100日圓（大份為200日圓），中餐時段為50日圓，有種物超所值的感覺。招牌餐點「無湯擔擔麵」為950日圓，加上收尾飯正好1000日圓，還可以省去找零的麻煩。

收尾飯
100日圓
（中餐時段
50日圓）

しろくま

地址：大阪府池田市石橋1-16-18
營業時間：11點30分～14點30分，18點～21點30分
公休日：星期日晚上、星期一
HP：https://shirokuma-ikeda.com/
Twitter：@1109shirokuma
Instagram：@shirokuma_tantan

汁なし担々麺＆麻婆豆腐

ラアノウミ [京都 今出川]

廣島式無湯擔擔麵的進化版
迷人的多層次鮮味

辣之海（ラアノウミ）740日圓

充滿芝麻與辛香料濃厚香氣的絕品，是6成客人必點的招牌餐點。以正宗廣島式擔擔麵為基底，添加豬油、多種辛香料、乾蝦、柴漬等獨特素材，打造獨具原創性的擔擔麵。相對於廣島式擔擔麵是以「減法」概念製作，辣之海則是以層層堆疊不同鮮味的「加法」概念製作。咬感佳的低加水率細麵與多層次鮮味及香氣纏繞在一起，不管吃幾遍，每一次都會深受吸引而不可自拔。

大受好評的「午間套餐」（110日圓）。溫泉蛋可以沾麵吃，也可以拌在飯裡吃。

味道構成要素

芝麻醬

在翻炒搗碎的白芝麻上澆淋混合一起的沙拉油和芝麻油。製作幾乎沒有顆粒感且光滑柔順的芝麻醬。挑選「芝麻感」強烈的白芝麻。

豬油

開業之初並沒有使用豬油，但嘗試使用後，發現客人的反應還不錯，之後便固定添加豬油。雖然使用量不多，卻能使味道更具層次感。

辣醬

綜合數種辛香料，打造具有深度的鮮味。使用目是添補味道，並非只是要強調辣味。透過添加多種辛香料，營造專屬於店家的獨創性。

辣油

以沙拉油和芝麻油為基底，只添加單1種辣椒，另外以肉桂、八角、陳皮等5種香料添增香氣。用油熬煮辛香料後，將滾燙的熱油澆淋在辣椒上製作成辣油。相較於辣味，更重視的是香氣。

湯底

熬煮雞骨和調味蔬菜4個小時，烹煮近似毛湯的清雞湯。雖然是無湯擔擔麵，但嘗試添加一些湯汁，讓整體辣度能更顯得勻稱協調。

醬油醬汁

兼具甜味與酸味的醬油醬汁。使用店家附近「澤井醬油本店」的再釀造醬油，製作濃醇香的醬油醬汁。

九條蔥

過去當學徒的廣島式無湯擔擔麵店使用當地廣島生產的青蔥,因此店裡也決定使用當地,亦即京都生產的食材——九條蔥。

花椒

混合紅、綠2種花椒。採購整顆花椒粒,再於店裡自行研磨之後混合在一起。正因為在店裡自行處理,每一碗擔擔麵都充滿新鮮的香氣與麻味。

乾蝦

將雞肉、豬肉、蝦等鮮味不同層次的素材組合在一起,打造多樣化滋味。搭配乾蝦不僅增加口感,一口咬下,乾蝦的鮮甜也隨即在口中散開,瞬間也多了一份華麗的滋味。

麵條

使用「麵屋棣鄂」製作的麵條。24號切麵刀切條的低加水率麵條,一人份麵量約140g,煮麵時間大約30秒。挑選重點在於麵條與醬汁的相容性。順口有咬感,而且能夠與醬汁充分結合在一起。

柴漬

用於增加口感與色彩。基於「京都特產」和「創造個性」這些理由,也為了讓收尾的茶泡飯吃起來更美味,因此特地挑選超配飯的柴漬。

肉味噌

使用紹興酒、甜麵醬、濃味醬油將豬絞肉調味得帶些甜味。使用粗絞肉能夠增添口感。肉味噌也用於製作麻婆豆腐,充滿十足的肉感。記得去除多餘油脂。

變化版

擔擔麵 840日圓

以鑄鐵鍋盛裝上桌，冬季限定擔擔麵。連同容器一起加熱湯底，在蓋上鍋蓋的情況下端上桌，熱呼呼的狀態能夠持續到最後一刻。掀開鍋蓋的瞬間，熱氣與辛香料的香氣撲鼻而來，給人的第一印象相當強烈，客人的反應也都非常熱烈。將「無辣（カラサゼロ）」的醬油醬汁和「辣之海擔擔麵」的醬油醬汁混合在一起調製成醬底。充滿芝麻醬、辣醬、黑醋、黑糖等各種風味，整體味道濃郁香醇。使用和「辣之海」一樣的低加水率且有嚼勁的麵條。

九條蔥、卡羅來納死神辣椒、「澤井醬油本店」的濃味醬油，使用多種京都盛產的食材。

麻之海（マアノウミ）740日圓

不使用芝麻醬，單以醬油為基底，突顯辛香料的味道。使用大量山椒來強調麻味與香氣，喜歡日式麻辣感的人肯定無法抗拒這道餐點。少了芝麻醬的濃郁感，所以比「辣之海」使用更多豬油來彌補。透過增加味道的層次感，讓客人不會有少了一味的遺憾。如同辣味，麻味也可以視個人喜好加以調整。使用和「辣之海」一樣的低加水率細直麵。

5～10級辣是增加純辣椒粉的用量。激辣以上的程度則是添加哈瓦那辣椒和卡羅來納死神辣椒。

汁なし担々麺＆麻婆豆腐 ラアノウミ

無辣（カラサゼロ）740日圓

無辣味也無麻味。不使用辣油、辣醬、芝麻醬，只以醬油醬汁、豬油、肉味噌、九條蔥、碎海苔簡單調味。不添加湯汁，打造蔥油拌麵的感覺。使用「麵屋棲鄂」製作的麵條，以16號切麵刀切條的中加水率直麵，可以盡情享受Q彈口感。

無湯麻婆麵 890日圓

週日、一、二的限定餐點。以生薑、豆瓣醬、醬油醬汁、辣油、辣醬、湯底、大蒜、純辣椒粉調味擔擔麵的肉味噌，另外也添加韭菜、長蔥和絹豆腐作為配料。直接放入麻婆豆腐的話，味道會變淡，所以事先多添加一些醬汁。使用容易沾附醬、剖面呈T字形的翼麵（ウィング麵）。

依餐點的不同使用3種不一樣的麵條，全都出自「麵屋棲鄂」。

活用夜晚與平日、季節限定餐點，
成功提高客單價與回頭率

愛上「廣島式無湯擔擔麵」美味的老闆於2020年10月開了這家店。由於廣島縣內有許多類似店家，幾乎呈現飽和狀態，基於這樣的考量，老闆便決定在擔擔麵還鮮為人知的關西地區開店。起初的菜單包含「辣之海（ラアノウミ）」、「麻之海（マアノウミ）」、「無辣（カラサゼロ）」，以及對擔擔麵較不熟悉的客人也能輕鬆享用，以辣油為基底的「精力拉麵（スタミナラーメン）」4個品項。而現在還另外添加季節限定餐點和夜間限定的「麻婆豆腐」等等，菜單陣容愈來愈豐富。

之所以將麻婆豆腐也列入菜單陣容，最大的理由是提高客單價。從當學徒的那個時候開始，一直覺得無湯擔擔麵在中午時段的銷售量還算不錯，但到了夜間時段就會略微下降。中午時段要拼翻桌率，夜間時段則必須想辦法提高客單價。為了讓客人喝酒配麻婆豆腐，特別將啤酒價格下修至390日圓。多虧這樣的設定，夜間的客單價才得以提升。另外，構思了同樣使用麻婆豆腐的「麻婆麵」，由於客人的反應非常好，於是便列為顧客人數相對較少的週日、週一、週二的限定餐點。根據當天約3成客人指定「麻婆麵」的情況，推測這道餐點應該是客人上門的主要動機。

另一方面，為了提高客人的回頭率，偶爾也會酌情舉辦贈送免費配料券的活動。設計集點卡優惠活動，以折價券等好康吸引客人經常上門光顧。只要在同家店消費10次，即可逐步讓優惠升級，除了在這段期間可以使用免費配料券，還可以持續累積集點以提高消費動力。來店消費60次的人，贈送店家原創T恤。開業至今1年3個月，已經有40位客人來店消費達60次，1位客人來店消費達300次。除了這些優惠活動，店家也會利用社群網站作為宣傳管道，即便沒有舉辦活動，也會用心每天廣發訊息。透過持續穩定的廣發訊息與口耳相傳，即便開業之初只有10位左右的客人，即便遇上新冠肺炎疫情的一再干擾，在短短不到1年的時間已經成功達到一天約有100位客人的好成績。

利用集點卡和促銷活動
有效提升顧客回頭率

店家前方不遠處有所大學，每當進入長假，來店的客人就會減少許多，因此在這段期間常會舉辦各種促銷活動。像是雙六、賓果等有遊戲性質的活動以吸引更多顧客上門。另外還有集點活動，每集滿10個會晉升一級。優惠還不只一種，舉例來說，5點白飯券＋5點溫泉蛋券＋2點水餃券即可換取免費券，透過這種方式吸引客人再次光顧。

汁なし担々麵＆麻婆豆腐 ラアノウミ

地址：京都府京都市上京区上立売町1-7
營業時間：11點～15點，17點～21點30分
　　　　　（最後點餐時間21點）
公休日：不定期
HP：https://www.ranoumi-ramen.jp/index.html
Twitter：@raanoumi_01
Instagram：@raanoumi_imadegawa

石臼挽き山椒 担々麺

麺山椒 [神奈川] [橫須賀]

充滿東方風味的湯頭
飄散新鮮研磨山椒的鮮明強烈香氣

擔擔麵 930日圓

約7成客人必點的招牌餐點。入口的瞬間，嘴裡散發新鮮山椒香氣，接著則是濃厚芝麻與香醇辛香料風味的餘韻。湯底愈和豬油結合在一起，東方氣息愈加濃郁，味道也更具層次感。手揉扁麵的口感隨著每一次入口而改變，直到最後一刻都能享用與眾不同的新鮮感。辣味與麻味各有5級供客人選擇。

以高湯、醬油和砂糖調味的竹筍取代筍乾。

撒一些油炸榨菜在湯上。增添口感與味道。

擔擔麵的味道構成要素

辣油

> 辣油製作方式
> 請參照P.56

使用大量陳皮、八角和肉桂等香料製作香氣濃郁的獨門辣油。為了享受更多樣化的滋味，建議不要將辣油澆淋在整個碗裡，僅澆淋在半邊就好。

湯底、芝麻醬、昆布醋、大蒜、蘋果番茄煮

> 湯底烹煮方式
> 請參照P.58

300ml的湯底裡加入60ml的芝麻醬。然後添加以黑醋和穀物醋調製的昆布醋、蘋果番茄泥、蒜末。以單手鍋加熱。

肉味噌、小松菜、竹筍、油炸榨菜、白髮蔥絲

> 肉味噌製作方式
> 請參照P.57

用以五香粉添增香氣，製作充滿葛拉姆馬薩拉香料風味的肉味噌，再搭配以高湯熬煮的竹筍、口感佳的油炸榨菜，是一碗滿載獨具個性配料的擔擔麵。

醬油醬汁、山椒粉、辣椒粉

> 山椒粉製作方式
> 請參照P.57

碗裡倒入醬油醬汁鋪底，客人點餐後再加入辣椒粉和山椒粉。接著再倒入魚露、日式發酵醬、白醬油、生醬油等鮮味強烈的醬油所調製的醬底。

山椒粉

> 山椒粉製作方式
> 請參照P.57

為了讓第一口充滿山椒帶來的麻辣味，在湯匙入湯的位置上撒山椒粉。接著再將辣椒粉撒在白髮蔥絲上。

麵條

使用「增田製麵」（橫須賀市）製作的直麵，加水率43％，以10號切麵刀切條成3㎜厚。煮麵前用手揉捏一下，讓口感更加多樣化，煮麵時間約1分30秒。

變化版

無湯擔擔麵 930日圓

因為是無湯擔擔麵，只添加50cc左右的湯底。先以醬汁類鋪底，再放入拌勻的山椒粉和辣椒粉，讓Q彈的麵條能夠確實地沾裹麻味、辣味和濃郁的芝麻風味。煮麵之前先用手揉捏一下，打造手揉扁麵的感覺。不僅讓口感多樣化，嘴裡也會猶如風暴來襲般，強烈感受麵條的滋味與咬勁。以葛拉姆馬薩拉和五香粉等調味的肉味噌也因為獨具特色而讓擔擔麵吃來更饒富樂趣。

於客人點餐後再將配料高麗菜和麵條一起放入麵切裡汆燙。

和有湯擔擔麵一樣，煮麵之前先確實揉捏一下。

無湯擔擔麵的味道構成要素

山椒粉、辣椒粉

肉味噌製作方法
請參照P.57
山椒粉製作方法
請參照P.57

以山椒粉調整麻味，以辣椒粉調整辣味。各有5級麻辣度提供客人選擇。

湯底

濃厚的芝麻醬易使吸啜麵條時有種過於黏稠的感覺，進而影響口感，所以湯底裡只加入50㎖的芝麻醬。使用雞骨和豬骨熬煮毛湯。

麵條、高麗菜

煮麵時間約2分鐘。太早汆燙高麗菜會造成顏色和口感變差，所以於客人點餐後再和麵條一起放入麵切裡汆燙15秒。

肉味噌、小松菜、竹筍、油炸榨菜、白髮蔥絲、辣椒粉、山椒粉

盛裝入各式各樣的配料，豐富口感以及風味。配料上方再撒一些山椒粉和辣椒粉。

醬油醬汁、昆布醋

使用和有湯擔擔麵一樣的醬底，以魚醬、日式發酵醬、白醬油、生醬油、天然鹽之花、蜂蜜、乾香菇、昆布等混合調製而成。另外以黑醋、穀物醋、日高昆布製作昆布醋。

芝麻醬

過多芝麻醬會使湯汁變黏稠，為了少量添加也能營造濃郁感，改以花生油製作芝麻醬。一碗擔擔麵約使用20㎖的芝麻醬。

辣油、大蒜、蘋果蕃茄煮

辣油製作方式
請參照P.56

所謂蘋果蕃茄煮，是一種類似酸辣醬風味的醬汁，以小火熬煮泥狀蘋果蕃茄。透過添加甜味，緩和順勢而來的嗆辣感。

芝麻粉、哈瓦那辣椒粉

為了增加芝麻風味，特別添加芝麻粉。白芝麻和黑芝麻以1：1的比例混合。

以山椒為主角，追求個性美味！
使用石臼研磨，
堅持研磨後立即使用的新鮮麻味

石臼挽き山椒 担々麺 麺山椒

老闆曾在人氣夯店擔任店長職務，構思出沾麵、清湯、豚骨等各種風味的人氣拉麵，但基於「好不容易有自己開店的機會，想要挑戰自己從未嘗試過的味道」的想法，所以特別著眼於沒有相關知識與經驗的擔擔麵上。另外也由於橫須賀市當時尚未有擔擔麵專賣店，所以2020年3月一開業，沒多久就成為熱門話題，至今仍然吸引不少人大排長龍。

吸引客人上門的祕密就是香氣強烈的「山椒」。構思這道以山椒為主角的擔擔麵的同時，也想到使用石臼研磨山椒的這個獨特點子。這家店非常重視香氣與麻味，所以將3種山椒混合在一起使用。以石臼細心手動研磨，避免摩擦生熱而造成香氣飛散。除此之外，當天研磨的山椒，必定於當天使用完畢，因此山椒的清涼感與刺激度才能遠遠超越其他店家。將山椒粉撒在湯匙舀起第一口麵的地方，為了強調第一口帶來的震撼，店家真的非常用心。僅僅一口就能感受到店家的堅持。而將石臼擺在客人都看得到的場所，也能夠達到一種視覺上的宣傳效果。

另一方面，吸引客人一再上門光顧的是多樣化層層交疊的美味。老闆曾經是法式、中式、義式料理的廚師，所以擷取各領域的精華，讓餐點每一個部分都充滿獨創性。舉例來說，以日式高湯、醬油、砂糖調味的竹筍煮，會另外經過炙燒再放入碗裡。使用雞豬牛3種絞肉製作肉味噌，先以豆瓣醬和甜麵醬調味，最後再放入五香粉和葛拉姆馬薩拉香料增添東方風味，並且以充滿酸辣風味的自製醬汁調整甜味和酸味。像這樣單一種配料就有好幾種風味層層交疊，打造只有這裡才吃得到的好滋味。老闆表示「之前沒有烹煮擔擔麵的經驗，所以我從觀察並分析冷凍食品的食材成分和味道開始。雖然重視獨創性，卻也提醒自己不可以過度標新立異，所以現在才能製作出獨具特色的擔擔麵」。有不少忠實粉絲不辭辛苦地一連好幾天遠道而來，為的就是這獨一無二的美味。

因為使用石臼研磨，山椒香氣截然不同！

為了突顯山椒具衝擊性的麻辣味，使用不容易摩擦生熱且山椒香氣不易飛散的石臼研磨。將3種山椒混合在一起，每天慢工出細活地細心研磨，正因為使用石臼研磨，再加上研磨後立即使用，碗裡更添山椒的新鮮香氣與鮮明麻味。

將和歌山生產的山椒、四川藤椒、漢源花椒混合在一起，再放入石臼中慢慢研磨。

 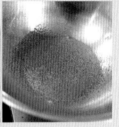

倒在篩網裡過濾，將留在篩網裡的山椒再次倒入石臼裡。同樣作業重覆10次，細心研磨山椒。

石臼挽き山椒 担々麺 麺山椒

地址：神奈川縣橫須賀市追浜町2-64
營業時間：11點～16點
公休日：星期三（不定休）
Twitter：@menzanshou

自家製麺 てんか [神奈川 橫濱]

自製麵條搭配高麗菜
創意十足的無湯擔擔麵！

特製 一般分量 1020日圓

在2種醬油搭配特製芝麻的醬底裡倒入日式高湯，讓店裡自製的麵條吸飽吸滿，然後在「無湯擔擔麵」裡添加「特製」配料，最後再放入半熟水煮蛋和豬五花‧豬里肌叉燒肉。只要多支付200日圓，即可升級成大分量，是相當物超所值的一份餐點。偏愛「無湯擔擔麵」的客人，大約有半數會選擇「特製」。

特製叉燒肉，以醬油、酒、砂糖、日式高湯調味。

每天製作100份麵條，於當天使用完畢。

味道構成要素

高麗菜

使用80g的高麗菜，氽燙1分鐘。將高麗菜、麵條、醬汁、湯底混合在一起，會產生獨特的鮮味，具畫龍點睛的效果。

醬油醬汁

以芝麻油、昆布、濃味醬油、豆瓣醬、韓國辣椒、砂糖、山椒調製醬油醬汁。雖然帶有辣味，卻也十分清爽。

肉味噌

店裡使用的肉味噌是用豬雞絞肉製作而成，豬肉和雞肉的比例為7：3。以醬油醬汁調味，味道辛辣且有層次感。

芝麻醬汁

以芝麻粉和白絞油調製而成，搭配醬油醬汁一起使用。芝麻醬汁用於調味，所以使用2種不同風味的芝麻粉混合在一起，打造出具有層次感的芝麻味。

辣椒

以韓國辣椒為主。先將辣椒和醬油醬汁、麵體拌在一起，增加辣味與韓國辣椒獨特的酸味。最後撒一些在頂部作為配料。

湯底

以豬骨、雞骨、雞腳、昆布、紅蘿蔔、生薑、蔥、大蒜、鰹節、酒和帆立貝萃取濃縮液熬煮而成。也用於稀釋沾醬。

花椒

使用中國所生產的花椒，可添加在醬油醬汁裡，也可作為配料使用。添加2次能使整體的香氣更均勻。

麵條

使用日清製粉的準高筋麵粉「傾奇者」和粗粒小麥粉製作麵條。高加水率，口感Q彈。由於是粗麵，煮麵時間為7分鐘。

咖哩擔擔麵 870日圓

2010年重新設計菜單時，因應常客「希望也能有咖哩口味」的要求，製作一道咖哩口味的「無湯擔擔麵」餐點。原是限定餐點，但因為深受好評而改列為常規的招牌餐點。醬汁裡添加8種香料，最後在麵體上撒一些薑黃和切碎洋蔥。將香料和麵體拌在一起後，整體充滿濃郁的咖哩香氣。

綜合咖哩香料

醬油醬汁和芝麻醬汁裡添加8種香料，增添香氣。

將香料和麵體均勻拌在一起，咖哩風味更加濃郁。

活用拉麵和沾麵的技術，
獨具特色的無湯擔擔麵排隊名店

經常大排長龍的這家夯店，目前以無湯擔擔麵而聞名遐邇，但剛開始也是嘗試過各式各樣的餐點，不斷在失敗中學習，才有如今的成就。2009年之前，每星期更換新的限定餐點，對製作創意餐點有一份堅持。自2010年起，轉型為只用自家製作的麵條，並且將菜單濃縮成現在最夯的無湯擔擔麵。

老闆以經營套餐店起家，最終成為一名拉麵師傅。店裡的這道無湯擔擔麵，也是老闆活用各種拉麵和沾麵的知識研發而成。

這家店的擔擔麵還有一大特色，那就是將汆燙的高麗菜和麵條混拌在一起吃，高麗菜所含的水分不僅讓麵條更為清爽，也額外多了與眾不同的口感。這一道獨具特色的擔擔麵，是其他店家模仿不來的，因此老闆希望大家能以「てんか式擔擔麵」的方式稱呼。

菜單中有「無湯」、「特製」和「咖哩無湯」3種餐點。「特製」和「無湯」裡有2種叉燒肉和半熟水煮蛋。「咖哩無湯」則另外添加8種香料和切碎洋蔥。3種餐點的共通點都是「無湯」，因此烹煮過程相對簡單且順暢。

每個餐桌上都有酥炸蒜片和店裡自製的辣椒醋。大家可以像吃拌麵一樣自行添加。酥炸蒜片能中和辣味，辣椒醋則可用於改變味道。

店裡每天製作大約100份的麵條。小碗的麵量約170g、一般中碗麵量約250g、大碗麵量約350g（水煮之前）。麵體重量雖然如上所示，但由於是高加水率的粗麵，所以實際分量看起來更多。

主要客群的年齡層落在20～40歲，男女性比例為7：3。這家店有自己一貫的規矩，女性客人只能點分量少的小碗麵。這是因為多數女性客人點一般中碗分量時，往往發生吃不完的現象。雖然分量看似不多，但有相當的飽足感。店裡只有8個座位，全都是吧台座位，因此目前不接受兒童入內用餐。

「無湯擔擔麵」的多種享用方法

這家店「無湯擔擔麵」的最大特色是客人能夠依個人喜好選擇各種享用方法。當然了，直接享用也十分美味，但由於端上桌時尚未充分混拌均勻，所以大家可以依個人喜好，自行酌量添加酥炸蒜片等擺在餐桌上的各種調味料。最後還可以再加入日式湯底，享用有湯擔擔麵的滋味。加湯後能夠更加突顯花椒香氣。

由於使用韓國辣椒，雖然帶有酸味，但基本上還是偏辣。不擅長吃辣的客人，可於點餐時進行調整。也可以另外加價50日圓，選擇強調麻味的「麻辣」口味。

自家製麺 てんか

地址：神奈川県横浜市鶴見区鶴見中央2-9-17
營業時間：11點30分～14點（最後點餐時間13點45分）
　　　　　18點～20點30分（最後點餐時間20點）
公休日：星期二、星期一晚上

紅虎餃子房 [日本各地]

日本首創「黑芝麻擔擔麵」，打造刺激性美味的招牌餐點！

黑芝麻擔擔麵 1012日圓

既是主打商品，也是擁有20年以上悠久歷史，店家引以為傲的招牌餐點。標榜「味道令人留下深刻印象」的黑芝麻擔擔麵，不同於當時流行的充滿奶香味的擔擔面，不僅有山椒的強烈麻味，還有鮮明的「刺激辣味」。由於餐點名稱是「黑芝麻」，為了讓整體顯黑，刻意使用中國產醬油，然後在麵體上方面撒黑芝麻，以添增黑芝麻的獨特芳香。

上方為紅麻擔擔麵的醬汁，左側為黑芝麻擔擔麵的醬汁，右側為白芝麻擔擔麵的醬汁。

味道構成要素

黑芝麻

將煮熟的麵放入湯裡後，撒上大量黑芝麻。用黑芝麻滿滿覆蓋麵條，讓整碗麵充斥著滿滿的黑芝麻的濃郁香氣。

醬油醬汁
（黑芝麻專用）

以添加山椒和辣椒的中華黑醬油為基底所調製的醬汁，充滿辛香料風味。店裡通常會與芝麻醬汁混拌成泥狀後保存。

肉味噌

用於所有擔擔麵餐點中，雖然稱作為「肉味噌」，但其實比較接近「肉鬆」的感覺。以醬油、砂糖、芽菜以及洋蔥拌炒而製成。

芝麻醬汁

以豆豉和芝麻泥等調製而成，黏度高且芝麻風味強烈的醬汁。事先和醬油醬汁混拌在一起備用，於顧客點餐後再與湯底一起加熱。

辣椒＋韭菜

輕輕撒上中國產的辣椒粉，帶出辣味與獨特風味。加入約莫一匙的分量，讓整體呈現濃郁辣味。另外也添加一些韭菜。

湯底

以雞骨和數種豬骨熬煮而成，濃郁且具有層次感。用於稀釋醬油醬汁和芝麻醬汁混拌在一起的醬底，加熱至沸騰使整體充分融合在一起。

辣油

用於所有餐點的自製辣油。以辣椒、純辣椒粉、蔥和生薑調製而成。上桌之前澆淋一些辣油，增添餐點的濃郁風味。

麵條

添加全麥麵粉製作直扁麵，重視麵條吸附湯汁的口感。一人份麵量約130g，煮麵時間約1分40秒。

紅麻辣擔擔麵

1012日圓

標榜「具衝擊性的辣味」，特別深受女性顧客喜愛。繼黑芝麻、白芝麻之後，還多了「火紅擔擔麵」供選擇。山椒的麻味搭配中國產的純辣椒粉，麻辣感十足。以麻辣、生薑和五香粉調製醬底，雖然是擔擔麵，卻沒有使用芝麻醬汁，只在最後撒上一些芝麻粉。

※本價格是汐留City Center分店的例子，實際價格會因店鋪不同而有所差異。

人氣配料

擔擔麵的種類非常多，但追加的配料相對較少，因此香菜是旗下每個分店最受歡迎的配料之一。尤其添加在「黑芝麻擔擔麵」、「紅麻辣擔擔麵」中，更顯異國風情的好滋味。

尤其適合搭配女性客人最喜愛且辣味強勁的擔擔麵。

蕃茄起司擔擔麵

以「白芝麻擔擔麵」為基底，搭配芝麻醬汁和蕃茄泥，一碗帶有強烈酸味的擔擔麵。配料包含切塊蕃茄、帕馬森起司和綜合起司，充滿十足的拿坡里風味。

紅虎餃子房

牛五花擔擔麵

2010年開發的新菜單，以牛五花取代肉味噌。因分量十足，深得男性顧客喜愛。照片為「黑芝麻擔擔麵」，但也可以選擇「白芝麻擔擔麵」或「紅麻辣擔擔麵」來搭配牛五花。以八角、辣椒、山椒、蔥、生薑等熬煮牛五花，再佐以甜味調味。另外附上2株青江菜。

從失敗中學習，終至大功告成
「黑芝麻擔擔麵」成為店裡主打商品

日本際コーポレーション株式会社經營各式各樣的餐飲店，「紅虎餃子房」是其中一個品牌。開業於1996年，標榜「輕鬆享用中國美味」，目前在全國已經有80多家店面。雖然各店家的客群年齡層不盡相同，但主要都是20～40歲的商務人士或一家人。Instagram追蹤人數的男女性比例為5：5，而來店裡光顧的男女性客人比例也差不多是5：5。店內裝潢新潮，一點都看不出來是間中華料理店。

「黑芝麻擔擔麵」是「紅虎餃子房」的主打商品，是擁有超過20年歷史，店裡最引以為傲的招牌餐點。1996年開業時，早就有以白芝麻醬汁為基底的「白芝麻擔擔麵」，而中島社長前往四川參訪後，參考發源地的正宗擔擔麵，構思出這道以黑芝麻為主角的黑芝麻擔擔麵。標榜「味道令人留下深刻印象」的黑芝麻擔擔麵，不同於人氣超夯且充滿奶香味的白芝麻擔擔麵，不僅有山椒的強烈麻味，還有在當時算是獨樹一格的「刺激辣味」。這家店的「黑芝麻擔擔麵」可說是日本首創以黑芝麻為主角的擔擔麵。

剛開始試圖以醬底裡添加黑芝麻的方式來調味、調色，但湯底部分並沒有因此變成「黑色」，而是變成灰色。為了解決這個問題，便決定在麵條上撒滿黑芝麻，讓整個表面呈現黑色，也因此整碗擔擔麵更加充滿黑芝麻的濃郁香氣。過去曾經是既新潮又博得眾人爭先嚐鮮的人氣餐點，後來隨著各家分店陸續於全國各地開業，為了吸引更多家族客群，原有的餐點經過數次改良，味道方面已經變得親民許多。

每家分店都有「黑芝麻擔擔麵」、「白芝麻擔擔麵」、「紅麻辣擔擔麵」這3種餐點，但變化版的「蕃茄起司擔擔麵」和「牛五花擔擔麵」則因店而異。由於各家分店的目標客群不一樣，因此菜單種類也不盡相同。

紅虎餃子房 汐留City Center分店

地址：東京都港区東新橋1-5-2 汐留シティセンターB1
營業時間：平日11點～23點（最終點餐時間22點）
　　　　　星期六、日、國定假日11點～22點
　　　　　（最終點餐時間21點）
公休日：依所在設施而異
經營企業：際コーポレーション株式会社

白碗竹筷樓 赤坂 ［東京 赤坂］

抑制甜味，強調辣味與麻味
令人「深深上癮」的味道！

名物黑芝麻擔擔麵 1320日圓

自1998年創業以來的招牌餐點。2018年擔任主廚的赤岡先生刻意降低甜味，增加花椒用量以突顯辣味與麻味。由於店家所在周圍有許多中華料理餐館，為了打造令人「深深上癮」的味道而構思這道充滿衝擊性辣味的擔擔麵。使用花生、豆豉、豆瓣醬、大豆（蛋白質）製作「能吃的辣油」，兼具口感與鮮味的辣油也成了店裡的一大特色。

其特色是以「可以吃的辣油」增添口感。

將黑芝麻撒上麵條上，強調芝麻芬芳香氣。

味道構成要素

牛肉肉鬆

用牛肉肉鬆取代肉味噌。以濃味醬油、中國產醬油、大蒜、生薑、切碎辣椒、切碎榨菜、堅果調味，重視香氣與多層次的濃郁感。

醬油醬汁
（黑芝麻用）

以濃味醬油和中國製醬油為基底，搭配豆瓣醬調製成帶有辣味的醬油醬汁。事先和芝麻醬汁混拌在一起備用。

可以吃的辣油

以花生、豆豉、豆瓣醬、大豆（蛋白質）調製而成。不同於一般食用辣油，店裡自製的這款辣油更加強調濕潤感，以及與湯底的相容性。

芝麻醬汁

以黑芝麻泥為主角，添加黑醋、沙茶醬、乾蝦等調製而成。事先與醬油醬汁混拌在一起備用。添加在湯底裡，更添芝麻芳香與黑醋的圓潤風味。

青蒜

以青蒜作為配料，除了增加色彩，也多了大蒜清爽的香味。所有擔擔麵餐點都會搭配青蒜。

湯底

以豬骨和雞骨熬煮而成。搭配醬油醬汁和芝麻醬汁一起使用，透過豬骨和雞骨的鮮味，來調整味道的層次感。

辣油

使用店裡所自製的辣油。以辣椒、八角等多種中式香料調製而成。比起辣味，更重視香氣。

麵條

店裡使用自家製作並且容易吸附湯汁的直麵。中加水率的麵條口感滑順。1人份麵量約130g，煮麵時間為1分30秒。

變化版

無湯擔擔麵
1210日圓

這也是店裡獨具特色的一道餐點，深受回頭客的好評。不同於濃厚的擔擔麵，這道餐點主打「清爽＋辣口」。利用黑芝麻醬汁、中國產醬油、砂糖、中式調味料調製醬底，不多添加任何湯汁。

煮麵時間為2分30秒。以冷水沖過後再煮一次。

配料包含堅果、絞肉、青蒜、能吃的辣油、黑芝麻、香菜，相當豪華的一碗擔擔麵。

豆乳白芝麻擔擔麵 1320日圓

受歡迎的程度僅次於「黑芝麻擔擔麵」。以白芝麻粉和白芝麻泥調製芝麻醬汁，然後加入湯底與豆乳，口感更為滑順。使用和黑芝麻擔擔麵一樣的配料，但可以另外視個人喜好酌量添加辣油和可以吃的辣油以突顯辛辣風味。

來自店長的創意
獨具個人特色的黑芝麻擔擔麵

「白碗竹筷樓」是際コーポレーション株式会社名下的中式料理餐廳品牌，意味白色的碗和竹筷子，不走華美風，而是主打活用食材的料理。基於食材的特色來設計菜單，所以每一道餐點都充滿店長的創意。

赤坂店開業於1998年，歷史相當悠久，店鋪位於隱密小巷裡，過去一樓是公共澡堂，二樓是普通住家，後來才改建成餐館。是一間充滿古民家風的中式料理店，男女性客人的比例約為4：6。也因為赤坂的地緣關係，絕大多數的客人都是在附近工作的上班族，但星期六、日也不乏攜家帶眷的客人上門。

店裡最受歡迎的餐點是「名物黑芝麻擔擔麵」。1998年開業之初就有這道餐點，由於是日本首創，當初也是不斷在失敗中學習，最後才終於成功研發出來。因為赤坂店的黑芝麻擔擔麵說是際コーポレーション株式会社黑芝麻擔擔麵的始祖，這種說法一點也不為過。

自2018年擔任主廚的赤岡先生進一步加以改良，不僅降低甜度，也透過增加花椒的使用量來強調辣味與麻味。因為赤坂地區有許多中式料理餐館，該店的目標是打造「具有衝擊性的辣味」，讓客人想再次前來品嚐。

除此之外，店裡還有添加豆乳，味道較為溫潤的「豆乳白芝麻擔擔麵」，以及充滿傳統民族風味的「無湯擔擔麵」，無論男女老少都能輕鬆享用。尤其「無湯擔擔麵」更是回頭客最愛的一道餐點。多數店家的無湯擔擔麵都使用粗麵，但這家店很有自信地使用細麵。煮麵時間為2分30秒，沖過冷水之後再煮一次。不僅除掉了黏糊感，也會讓麵條更有彈性，口感更好。

店裡還有另外一大亮點，就是「可以吃的辣油」。使用花生、豆豉、豆瓣醬、大豆（蛋白質）製作辣油，不僅清脆咬感不同於其他辣油，也因為多了濕潤感而與湯底完美融合。

追加配料

基本上店裡的菜單並沒有追加配料的這個選項，但真有需求的話，店員還是可以提供追加服務。舉例來說，香菜搭配燉牛五花十分對味，而這也是店家極力推薦的配料。「無湯擔擔麵」通常會附上香菜配料，其他擔擔麵餐點則沒有，若想品嚐異國風味，可以向店家提出要求。通常會以濃味醬油、砂糖和中式調味料熬煮燉牛五花，這是一道帶有甜味的美味料理。

一份香菜12g，220日圓。這是香菜愛好者經常加點的配料。

一份燉牛五花120g，330日圓。充滿著日式壽喜燒的風味。

白碗竹筷樓 赤坂

地址：東京都港区赤坂4-2-8
營業時間：11點30分～15點
　　　　　（最終點餐時間14點30分）
　　　　　17點30分～22點
　　　　　（最終點餐時間21點30分）、
　　　　　星期六、日、國定假日17點30分～
　　　　　21點30分（最終點餐時間21點）
公休日：終年無休
經營企業：際コーポレーション株式会社

雞白湯搭配辛香料增添味道的深度與層次感

咖哩擔擔麵 790日圓

在自製咖哩塊裡添加雞白湯和鹽醬汁，這道咖哩擔擔麵也是店家的主打餐點之一。作為基底的擔擔湯使用多種辛香料熬煮而成，旨在打造具有深度和層次感的味道。擔擔湯與咖哩塊以7：3的比例混合在一起。除了擔擔湯和辣油，另外也添加鮮奶油以強調濃郁厚重感。使用容易吸附湯汁的細捲麵條。

擔擔湯平時裝在大湯鍋裡保溫，客人點餐後再舀至小鍋裡加熱。

完成後遇冷即開始變質，所以客人點餐後會稍微將碗也加熱一下。

味道構成要素

湯底

以大火熬煮老雞（全雞）、雞腳、調味蔬菜和昆布約5～6小時，製作清淡的雞白湯。濃郁雞白湯過於厚重，為了打造層次感，店裡使用略微清淡的雞白湯。

煮麵‧加熱湯底

以小鍋取適量湯底加熱，然後以煮麵機煮麵。加熱的湯底於2～3分鐘後即開始慢慢變質，所以完成後務必盡快端上桌讓客人享用。

麵條

使用長野縣「塚麵商事」的麵條。咖哩擔擔麵使用細捲麵條，煮麵時間約45秒。咖哩擔擔沾麵使用粗捲麵條，煮麵時間約2分30秒。

辣油

為了提供更好的服務品質，同時使用市售和自製辣油。自製辣油方面，以芥花籽油加熱蔥、大蒜、生薑、花椒，再放入2種辣椒調製而成。

肉味噌

將麵條盛裝至碗裡，以冰淇淋杓舀取肉味噌擺在麵條上。以豆瓣醬、紅味噌調味豬絞肉製作成肉味噌。肉燥也用於咖哩擔擔沾麵。

鮮奶油

直接將鮮奶油注入碗裡。鮮奶油有助於添增濃厚感。以繞圈方式添加於辣油上。

四季豆

放入麵條、肉味噌後，最後再擺上四季豆就大功告成了。

柚子

辣油和鮮奶油倒入碗裡後，放入柚子片。在相對濃厚的咖哩湯中，柚子有助於增添一絲清爽香氣。

變化版

咖哩擔擔沾麵 850日圓

以擔擔湯、辣油、鮮奶油、柚子調製店裡獨具特色的沾麵沾醬。如同咖哩擔擔麵的作法，於客人點餐後才以小鍋加熱沾醬。碗裡放入肉味噌、四季豆和水煮蛋。使用「塚麵商事」製作的粗捲麵條，煮麵時間為2分30秒，以冷水沖過後再放入碗裡。沾麵餐點種類多，包含「涮豬肉咖哩擔擔沾麵」（1020日圓）、「榨菜蒸雞肉咖哩擔擔沾麵」（990日圓）等。

在咖哩擔擔麵的湯底裡加入太白粉，調製濃稠的沾醬。

「涮豬肉片咖哩擔擔沾麵」，在上面放入約60g的涮豬肉片。

排骨咖哩擔擔麵
990日圓

同基本咖哩擔擔麵都是深受顧客喜愛的夯品。排骨重量約100g，使用豬五花肉，並以太白粉、特製香料、大蒜、醬油醬汁等調味。為了讓客人享用最酥脆的口感，必定於客人點餐後才下鍋油炸。事先以特製香料調味豬肉，包含五香粉、黑胡椒、白胡椒、咖哩粉、花椒、紅椒粉、甜椒、香蒜粉等。

為了方便於客人點餐後立即下鍋油炸，事先將豬肉調味好備用。

炸排骨時間為2分鐘。於客人點餐後再下鍋油炸。

使用細麵，所以切好排骨後再開始煮麵。

咖哩與擔擔麵打造有深度的美味！
利用各種配料豐富菜單餐點的種類

「麵屋 虎杖」位於都營地下鐵大江戶線的大門站附近，地點相當好。店裡的主打餐點是咖哩搭配擔擔麵的獨創咖哩擔擔麵。擔擔麵特有的辣味搭配多樣化的香料，一碗充滿深度與層次感，獨具特色的擔擔麵，這同時也是店裡的人氣餐點。店裡的人氣餐點除了「咖哩擔擔麵」，還有添加一塊酥炸排骨的「排骨咖哩擔擔麵」。擔擔麵基底湯使用老雞（全雞）、雞腳、昆布、調味蔬菜，以大火熬煮5～6小時。兒玉和樹店長表示「添加咖哩塊的關係，雞白湯可能變得過於濃稠」，基於這個緣故，刻意將湯底熬煮得清淡些，但也盡量保留雞白湯該有的濃郁深度。

製作擔擔麵時，特別意識「打造具有深度的味道」。因此熬煮基底擔擔湯時，除了雞白湯，另外添加以綜合香料等製作的自家咖哩塊，以及使用柴魚和乾蝦等調製的鹽醬汁。而在熬煮過程中再添加豆瓣醬和紅味噌等7種素材的獨家配方，打造辛辣且多樣化的味道。於客人點餐後，以小鍋取適量湯底加熱，並且以煮麵機溫熱空碗，務必做到將熱呼呼的餐點呈現於客人眼前。

2018年開業後，一度以中央廚房的方式供餐，但使用加工產品的情況並不順利，因此從2021年起，兒玉先生獨自進行改良，重新構思的創意餐點在美食網站和社群網站上引起熱烈討論。

另一方面，店裡向長野縣塚麵商事採購細麵和粗麵，分別用於咖哩擔擔麵和咖哩擔擔沾麵。菜單種類多也是這家店的一人特色，除了基本的咖哩擔擔麵和咖哩擔擔沾麵外，還有「榨菜蒸雞肉咖哩擔擔麵」、「涮豬肉咖哩擔擔麵」、「炙烤叉燒咖哩擔擔麵」、「炸牡蠣咖哩擔擔麵」、「起司咖哩擔擔麵」等獨具特色的餐點。以不同配料的組合，打造豐富且吃不膩的餐點。

雞白湯搭配辛香料
增添味道的深度與層次感

擔擔麵所使用的基底湯是清淡雞白湯。然後將咖哩塊、使用柴魚、乾蝦等熬製的鹽醬汁和雞白湯混合在一起。熬煮時再添加豆瓣醬、紅味噌等7種調味料的獨門配方。自製咖哩塊則使用魚乾、鰹節、昆布、咖哩塊、香料、瑪撒拉香料等製作而成。由於使用多種香料，味道更具深度與層次感。

麵屋 虎杖 大門浜松町店 ※目前歇業中（2023年3月確認）

住址：東京都港区芝大門2-4-2Dビル1F・2F
營業時間：11點～20點
公休日：終年無休
HP等：http://itadori.co.jp/menya-itadori/shop_002.html
經營企業：株式会社ランシステム
（RUNSYSTEM CO.,LTD.）

雲林坊 高輪ゲートウェイ店 [東京 高輪]

濃郁溫醇的芝麻風味，
自行搭配「辣味×麻味」，
二大特色廣受好評

神田雲林特製 有湯擔擔麺

950日圓

約6成客人來店裡時必點「有湯」擔擔麺。以老雞和乾干貝熬煮清湯，再將清湯和醬油醬汁、芝麻醬、花生泥混合在一起，增加濃郁度和層次感。使用店裡自製的辣油，充滿濃郁香氣與圓潤辣味。辣味和麻味各自分為5個等級，以增減山椒油・山椒粉和辣油・辣椒粉加以調整。客人可以視個人需求於點餐時自行搭配麻辣組合。

以100％日本產小麥麵粉搭配全麥麵粉製作中細直麵，風味完全不輸擔擔麵的香氣。

搭配紅山椒和綠山椒一起使用，製作山椒油和山椒粉。

味道構成要素

山椒油

使用紅山椒和綠山椒調製成山椒油。同樣以紅山椒和綠山椒的組合製作山椒粉。

調味醬底＋湯底

以老雞和北海道產乾帆立貝熬煮清湯。沸騰所需湯底再與調味醬底一起倒入碗裡。焙炒芝麻進行2次研磨製成芝麻泥並調製成芝麻醬。

辣油

以四川省生產的朝天辣椒為主，混合中國各地的4種辣椒，製作成充滿香氣與辣味的辣油。

麵條

日產小麥麵粉搭配全麥麵粉製成中細直麵。1人份麵量約130g。有湯系列餐點煮麵時間約1分40秒。無湯系列餐點約2分20秒。擔擔冷麵則煮3～4分半。

韭菜、豆芽、炸醬肉末

拌炒豬絞肉，以醬油、紹興酒、甜麵醬等調味製成炸醬肉末。烹煮擔擔冷麵時，最後再將以五香粉添增香氣的炸醬肉末置於最上方。

辣椒粉

拌炒粗研磨辣椒，上桌前撒在配料上。

蔥、芽菜

選用道地四川省生產的芽菜。

本場成都無湯擔擔麵 950日圓

同「有湯擔擔麵」使用添加全麥麵粉製作的中細直
麵，煮麵時間約2～2分30秒。麵量同樣是1人份
130g。芝麻醬的味道偏淡，以黑醋和甜醬油調製
的醬汁為主。黑醋是以中國山西省產的高粱原料製
作的老陳醋。配料則是水煮小松菜或塌棵菜。將搗
碎的花生和焙炒芝麻混合在一起，撒在配料上。最
後端上桌時必定附上一句「請充分拌勻後享用」。

為了攪拌時能傳出陣陣香氣，在炸
醬肉末周圍澆淋山椒油和山椒粉。

烹煮無湯擔擔麵時，以芝麻醬搭配
中國山西省的黑醋「老陳醋」和自
製甜醬油製作調味醬底。

黑胡麻・黑醋
濃香擔擔冷麵

1100日圓

「擔擔冷麵」是每年5月上旬～9月的限定餐點。以芝麻醬、豆乳和黑醋調製醬汁。麵條煮熟後，以冷水沖過並以冰水浸泡後再盛裝於碗裡。配料包含水煮後冰鎮的豆芽菜、泡水去除辣味的白蘿蔔、萵苣、蘿蔔芽、初芽等。最後擺上五香粉調味的炸醬肉末、澆淋辣油、山椒粉。為了讓客人親手混拌後享用，將黑芝麻粉撒在容器外緣。

蔬菜配料共120g，有種享用沙拉的感覺。

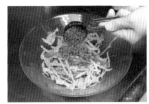

麵條上擺放豆芽菜、白蘿蔔，接著再放炸醬肉末。然後將萵苣撒在四周圍。

為了讓客人親手混拌後享用，將黑芝麻粉撒在容器外緣。

雖然是平價中式料理餐廳，
但使用正宗食材與正宗烹煮技法

2006年5月，「雲林」開業於東京・神田。主廚成毛幸雄先生活用日本優質的四季食材，以中式傳統料理為基礎，不斷發揮自由創意，打造出一道又一道深受好評的獨家料理。一開始的「雲林」是間平價中式料理餐廳，但現在已經轉型為擔擔麵和麻婆豆腐專賣店的「雲林坊」。目前在東京、埼玉一共已有6家分店。

這家店使用的湯底是以老雞和北海道產的乾干貝熬煮的清湯。自製辣油則以四川朝天辣椒為主軸，搭配4種辣椒調製而成，充滿圓潤的辣味與濃郁香氣。使用100％日本產小麥麵粉搭配全麥麵粉製作麵條，麵條的香氣與風味絲毫不輸擔擔麵醬汁。

用於無湯擔擔麵和擔擔冷麵的黑醋，是以中國山西省的高粱為原料製作而成。

取焙炒芝麻進行2次研磨成芝麻泥並製作成芝麻醬。以桂皮、山椒、八角、陳皮、月桂葉、漢源花椒調製甜醬油。雖然是平價中式料理餐廳，但充分活用正宗中式食材與烹煮技法，構思最正宗的中式餐點。

另一方面，擔擔冷麵中的油一旦冷卻容易沾附在麵條上，所以除了減少辣油用量外，也不使用山椒油，只活用山椒粉打造精緻口感與味道。

「有湯擔擔麵」、「無湯擔擔麵」、「擔擔冷麵」除了講究口感外，也搭配精美碗筷提升視覺效果，這也是為了打造擔擔麵專賣店的特色。

店裡準備5級辣味與5級麻味供客人自行搭配，客製化的美味也是餐點深受好評且常客一再拜訪的原因。5級麻味並非只是依等級逐次加量山椒油和山椒粉，而是藉由二者間的均衡點來表現不同程度的麻味。辣味分1～5個等級，麻味也分1～5個等級，「辣味×麻味」共計25種組合，依個人喜好找出自己最喜歡的麻辣味，這也是一種用餐樂趣，更是吸引顧客上門的一大動機。

豐富多變的
「辣味×麻味」！

利用山椒油、山椒粉、辣油、辣椒粉等材料的多樣化組合，供客人自行調整辣味與麻味。標準的「3級」和麻味的「2級」不使用山椒油，只使用山椒粉。辣味的「4級」和「3級」使用相同分量的辣油，但「4級」另外添加辣椒粉。

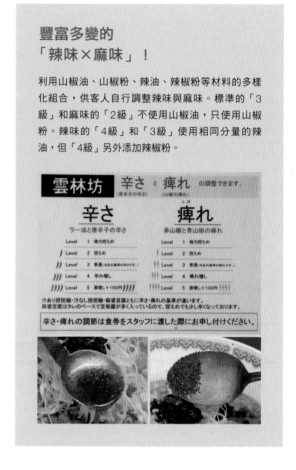

神田担担麺・陳麻婆豆腐
雲林坊 高輪ゲートウェイ店

地址：東京都港区高輪2-19-20 ハイライト高輪1階
TEL：03-6277-3239
營業時間：星期日為公休日
　　　　　平日：11點～22點
　　　　　星期六、國定假日：11點～20點
公休日：星期日
經營企業：株式会社ZEROONE

金蠍 [東京 神保町等]

圓潤口感的芝麻風味，
辣油與山椒的雙重刺激

【供應店家】
・神谷町店 　・金蠍樓
・東京鐵塔店

無湯擔擔麵 780～900日圓（依各分店而異）

這是一碗強調芝麻風味，充滿日式和風美味的擔擔麵。兼具辣油辣味與花椒麻味的同時，以減少整體油量的方式打造不會造成胸口灼燒或胃脹不適的溫和味道。建議充分混拌麵條，讓麵條確實吸附醬汁後再享用最佳美味。辣味分3個等級，辣油加得愈多，辣度愈高。希望更辣的客人，則另外添加辣椒粉。在剩餘的醬汁裡倒入白飯和榨菜，作為一餐的收尾，也是店裡常客的一貫作法。

餐桌上備有免費榨菜供客人使用。榨菜非常下飯，可於用餐最後追加一碗白飯，將美味吃到一滴也不剩。

味道構成要素

麵條

使用「札幌製麵」的粗麵條。43%的高加水率麵條，煮麵時間設定為3分20秒。好比烏龍麵一樣彈牙，沒有搭配湯汁也非常順口。

芝麻醬汁

混合醬油醬汁與芝麻醬等，加熱後調製成芝麻醬汁。特製芝麻醬裡除了有市售芝麻醬外，也添加拌炒至泥狀的金芝麻和白芝麻（以7：3的比例混合在一起）。

肉味噌

為了讓口感最佳化，將豬肉的粗絞肉和細絞肉以1：1的比例混合在一起。佐以甜麵醬、豆瓣醬、大蒜等調味，讓整體味道偏甜。

辣油

以辣椒、花生、炸大蒜、炸洋蔥醃製成可以吃的辣油。由於不是每位客人都能夠接受，因此不額外添加辛香料。

金芝麻、花生

最後撒些金芝麻和切細碎的花生。金芝麻的顆粒感，搭配花生的酥脆感，更加突顯獨特的口感與風味。

花椒

以7：3的比例混合紅花椒和青花椒。以研磨機磨細碎後使用。青花椒用於打造獨特苦味和香氣，紅花椒用於打造麻味和香味。

蔬菜

肉味噌上擺放日本水菜、長蔥、辣椒絲，兼具視覺饗宴與多種風味。脆口的日本水菜和長蔥不僅增加口感，也可以刺激食慾。

金蠍

變化版

有湯擔擔麵
900日圓

有湯擔擔麵所使用的醬油醬汁是混合市售醬油醬汁與帆立貝高湯、蠔油等調製而成。活用市售商品有助於穩定醬汁品質。湯底部分，使用雞骨、昆布、帆立貝，以及洋蔥、長蔥、生薑、大蒜等調味蔬菜熬煮成清湯。降低辣味且溫潤的味道，特別受到高齡客人的喜愛。而針對無辣不歡的客人，店裡也提供4個等級的辣度。

【供應店家】
·神谷町店　　·金蠍樓
·東京鐵塔店

無湯排骨擔擔麵
1200日圓

在招牌餐點「無湯擔擔麵」上放一塊炸得酥脆可口的排骨。為了讓排骨吃起來不油膩，特別挑選油脂較少的豬里肌肉，而不是豬五花肉。將豬里肌肉醃漬在醬油和生薑調製的醬汁中，佐以咖哩粉調味。由於五香粉的味道比較重，未必每位客人都能接受，所以不使用五香粉調味，希望打造每個人都能輕鬆享用的美味。

【供應店家】
·東京鐵塔店　　·金蠍樓

有湯排骨擔擔麵
1200日圓

使用口味圓潤溫和的「有湯擔擔麵」，搭配一塊以醬油和生薑調製的醬汁醃漬，並佐以咖哩粉調味的特製排骨。使用油脂較少的豬里肌肉做成排骨。多虧店長對麵衣配方的堅持，即便排骨泡在熱呼呼的湯裡，也能享用酥脆口感直到最後一口。使用中細捲麵，讓麵條充分吸附濃稠湯汁。

【供應店家】

·東京鐵塔店　　·金蠍樓

沾麵　900日圓

目前一整年都供應沾麵，但起初是特地為夏季設計的餐點，所以整體帶點清爽的酸味。強調酸味的沾醬以醬油醬汁搭配雞清湯、芝麻醬、辣油調製而成。這份餐點的肉味噌沒有盛裝在麵條上，而是直接放入沾醬中，為了使肉味噌充滿沾醬的濃郁與層次感。和無湯擔擔麵一樣使用粗麵，1人份約270g。

【供應店家】

·神谷町店

成都擔擔麵　720日圓

相較於口感溫和且適合所有客群的「無湯擔擔麵」和「有湯擔擔麵」，成都擔擔麵的辣度直接提升5倍。提供給熱愛吃辣且對其他餐點的辣度感到不滿足的客人。大量使用辣椒和花椒等辛香料，辣度的呈現方式不同於其他餐點所使用的辣油。具十足明顯的辣味、麻味與香氣。

【供應店家】

·神谷町店

金蠍

清楚掌握目標客群，
在競爭激烈地區脫穎而出！

　　「金蠍」集團旗下有3間擔擔麵專賣店和1間活用擔擔麵的創意，能夠盡情享受芝麻醬汁美味的蕎麥麵店。3間擔擔麵專賣店各自位於神谷町、芝大門、東京鐵塔。「白芝麻擔擔麵」、「黑芝麻擔擔麵」或「金芝麻擔擔麵」，以前各分店有各自的主打餐點，但現在全都統一了。隨著各分店的菜單一致化，若出現人手不足的情況，各分店可以互相調度提供人力支援。但除了招牌餐點「有湯擔擔麵」和「無湯擔擔麵」，各分店也會配合所在的地緣關係，提供較為不一樣的餐點和服務。

　　舉例來說，位於芝大門且附近有許多競爭店家的「金蠍樓」，午餐時段免費提供小碗白飯和吃到飽的榨菜。只需要支付1碗擔擔麵的價錢，就彷彿有吃到飽的滿足感，因此吸引不少回頭客一再上門光顧。除了單點擔擔麵，店裡也提供套餐，豐富的餐點菜色亦是團體客絡繹不絕的主要原因。

　　在10坪大且只有8個座位的「金蠍 神谷町店」，由於地方小且油炸餐點費時，所以店裡沒有供應「排骨擔擔麵」。主要客群為附近的上班族和高中生，因此供應「沾麵」、「成都擔擔麵」等比較多面向的餐點，讓客人多上門幾次也不會有吃膩的感覺。為了提高翻桌率，接受事先預定，並於客人入座後立即端上餐點，另外也提供開店至11：45之前，全品項折價100日圓的優惠。通常11時～22時的營業時間內可賣出300碗餐點，其中100碗都集中在剛開店11時～13時的2個小時內。

　　另一方面，「金蠍 東京鐵塔店」考量到假日出遊的人潮較多，特別提供價位稍微高一些的「排骨麵」。為了讓一家大小都能輕鬆享用，店裡也準備拉麵、兒童拉麵等老少咸宜的餐點。不過這家分店的主要目標客群是上班族，約佔所有客人的7成。平日的午休時間正好是高中生的放學時間，所以這個時段仍舊有不少客人陸續上門；而週末時間雖然少了上班族，卻也多了社團活動結束，準備返家的高中生和觀光客。這個地區的目標客群依平日和週末而有所不同，但也因為策略應用得宜，成功招攬了許多客人上門用餐。

分別使用2種麵條，
供應6款不同種類的擔擔麵

6款擔擔麵使用相同的湯底和辣油，但依餐點種類的不同，使用不一樣的調味醬底、粗麵條或中細麵條（札幌製麵），而且4家分店各有各的豐富菜單。「無湯擔擔麵」使用粗麵，煮麵時間為3分20秒，「沾麵」同樣使用粗麵，但煮麵時間設定為7分鐘。「有湯擔擔麵」和「成都擔擔麵」使用中細麵，煮麵時間為1分30秒。

金蠍 神谷町店

地址：東京都港区虎ノ門3-19-7 大手ビル1F
營業時間：星期一～五：11點～21點30分
　　　　　　星期六、日：11點～16點
　　　　　　國定假日：11點～15點
公休日：終年無休
Twitter：@kinkatu_offical
Instagram：@kinkatu_official
經營企業：株式会社さつまそば

一龍 淺草仲見世店 ［東京 淺草］

高級中華料理店精心親手製作，
講究的口感・香氣・濃郁感

特製濃厚擔擔麵　950日圓

最大特色是芝麻香氣和濃厚且帶有深度的湯汁，是
佔了店裡營業額一半以上的主打餐點。以100％雞
骨熬煮的清湯搭配自製芝麻醬汁調製湯底。將芝麻
醬汁和湯底一起倒入碗裡會導致溫度降低，所以客
人點餐後，務必將湯底加熱至沸騰，湯底有濃度，
自然也會提升芝麻香氣。店裡有新加坡進口的極細
龍鬚麵和東京製麵所特製的中粗麵2種麵條供客人
選擇。

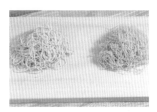

龍鬚麵（右）和中粗麵（左）。點
濃厚擔擔麵的客人可從中選一。

使用醬油、醋、花生泥等調製芝麻
醬汁。

味道構成要素

麵條

基本使用100g龍鬚麵，或130g中粗麵。但無湯系列會稍微增量至150g。中粗麵需煮1分鐘，但若用於擔擔冷麵，還要以冷水沖過，所以需要約3分鐘。

肉味噌

不同部位的絞肉，香氣也會不一樣。使用牛舌、瘦肉、牛腱3種絞肉。使用多種食材，也具有降低成本的效果。用以醬油、清酒、味醂、砂糖來做調味。

蝦

用湯匙舀一杓小蝦米盛裝於麵條上。炸過的小蝦米增添口感與香氣。使用三陸產的阿米蝦。

白髮蔥絲

最後擺上白髮蔥絲作為裝飾。將白髮蔥絲堆高打造視覺效果。蔥綠、蔥白和紅蝦，豐富的色彩能為客人帶來一場驚艷的視覺饗宴。

加熱湯底

將清湯和芝麻醬汁混合在一起，端上桌之前以鍋子再次加熱。若加熱至100℃，成分容易分離，所以差不多90℃就好。事前先將清湯和芝麻醬汁混拌在一起，有助於提高工作效率。

辣油

製作辣油的食材包含陳皮、桂皮、八角、月桂葉、大蒜、生薑、蔥、洋蔥、丁香、2種辣椒、花椒、醬油、精白砂糖、雞粉及白絞油。

湯底

先將辣油倒入碗裡，然後注入已加熱的湯底。龍鬚麵只需要水煮3～5秒，所以將湯底注入碗裡後再開始煮麵即可，不必擔心湯汁冷掉。

絕品無湯擔擔麵 900日圓

不使用花椒的無湯擔擔麵，也是一道非常受歡迎的餐點。味道的基底醬汁使用醬油、精白砂糖、白醋、黑醋，切細碎的大蒜、生薑、分蔥，以及芝麻油、豆瓣醬、沉澱於辣油底部的辣粉等調製而成。先將醬汁倒入碗裡，再放入麵條，仔細攪拌45秒讓麵條確實吸附醬汁。最後再佐以芝麻粉、韭菜、絞肉、小蝦米、辣油、白髮蔥絲等配料。

在事先倒入60mℓ醬底的碗裡，放入煮熟的麵條，以筷子攪拌均勻。

充滿酥炸口感的小蝦米，更添無湯擔擔麵的香氣。

名物擔擔冷麵 1000日圓

擔擔冷麵的芝麻風味濃厚，但後韻爽口，一整年都吃得到。由於是冷麵系列，辣油使用分量會加倍，用以添補香氣。使用中粗麵條，煮麵時間為3分鐘，以冷水和冰水浸泡後再盛裝至碗裡。配料包含韭菜、絞肉、小蝦米和白髮蔥絲。

先將碗冰鎮後再使用，芝麻醬湯底也事先置於冷藏室裡保存。

以流動的水沖洗麵條，底部鋪冰塊的碗也要確實冰鎮備用。

四川風麻辣牛肉擔擔麵

980日圓

這是店裡的全新餐點，可以充分享受花椒的麻味與辣油的辣味。基本上也使用芝麻醬湯底，但比起其他餐點，芝麻濃度稍微輕盈一些。在人氣餐點中，算是接受度比較高的入門品項。

配料包含韭菜、白髮蔥絲，以及使用醬油、砂糖、清酒、壺底醬油烹煮的麻辣牛肉。

創造風味時最重視
「香氣、濃郁度、口感」！
高級中華料理主廚親製正宗擔擔麵

　　「擔擔麵一龍（坦々麵 一龍）」是座落於銀座的高級中華料理「銀座嘉禪」的擔擔麵專賣店。2021年6月，於淺草開設第一家專賣店，之後陸續於東京和札幌等地開設分店，即便新冠肺炎疫情肆虐，也仍然持續穩定發展中。標榜「前所未有的嶄新擔擔麵」，將重點擺在芝麻香氣與濃厚味道，深受不少老饕的喜愛與好評。當初店名使用「坦」字，是基於未來可能有加盟的考量而選擇帶有「在當地紮根」含意的字。

　　主打餐點「特製濃厚擔擔麵」佔了店裡總營業額的50％左右。重視「香氣、濃郁度、口感」所打造的芝麻醬湯底（整碗麵的基底味道），是在攪拌成泥狀的研磨芝麻裡添加醬油、醋、雞粉、花生泥等材料，然後再與清雞湯混合一起調製而成。為避免溫度降低，事先將芝麻醬和清雞湯混合在一起，並於客人點餐後再次加熱至接近沸點以提高濃度，讓芝麻香氣更為明顯。

　　另一方面，使用陳皮、桂皮、八角等漢方素材，搭配調味蔬菜、丁香、2種辣椒、花椒、醬油、精白砂糖、雞粉、白絞油等多種材料製作辣油，打造充滿多樣化的豐富香氣。「銀座嘉禪」的口水雞餐點所使用的辣油，也是以相同食材和方式調製而成。

　　麵條有2種，一種是新加坡進口，非常細的龍鬚麵，一種是向日本製麵所特別訂製，以日產小麥麵粉製作的中粗麵。「濃厚擔擔麵」可以搭配任何一種麵條，而根據主廚簗田圭先生的說法，回頭客多半選擇龍鬚麵。

　　「口感」部分由酥炸小蝦負責。「銀座嘉禪」多使用櫻花蝦，但擔擔麵專賣店裡則使用阿米蝦，畢竟最重視的是香氣。

　　這家店除了「濃厚擔擔麵」外，還有「絕品無湯擔擔麵」、「名物擔擔冷麵」、「四川風麻辣牛肉擔擔麵」等人氣餐點。為了讓女性客人也能輕鬆入內用餐，不僅雇用多位女性員工，也在空間環境的打造上多了點巧思，目前男女性客人的比例約為6：4。

店裡自製的芝麻醬湯底和辣油
打造獨具特色的風味

芝麻醬湯底特別使用研磨芝麻。焙炒後以食物調理機攪拌至泥狀，濃厚的芝麻香氣瞬間飄散在空氣中。使用多種漢方素材製作辣油，打造多樣化的豐富香味。開業之初都直接將芝麻撒在麵條上，但為了更加突顯香氣，現在改以事先倒在盛裝容器中。客人也可以依個人喜好選擇最後再澆淋。

準備了2種芝麻醬。基本芝麻醬（右）以及添加芝麻油的四川風專用芝麻醬（左）。

準備2種辣油。基本辣油（左）以及山椒增量並且添加辣粉的四川風專用辣油（右）。

坦々麵 一龍 浅草仲見世店

地址：東京都台東区浅草2丁目2-4
營業時間：11點～18點
公休日：終年無休
HP等：https://1dragon.jp/
經營企業：株式会社九十九商事

汁なし担担麺
ピリリ 水天宮店 [東京 水天宮]

因應女性客人與多人家庭的需求，
在寬敞的空間裡享用正宗擔擔麵！

無湯白胡麻擔擔麵 880日圓

最受歡迎的主打餐點。以芝麻泥、芝麻粉、半糊狀
芝麻泥製作成白芝麻醬汁，再與雞豬等食材熬煮的
湯底混合在一起。使用充滿強烈麻味與香氣的漢源
花椒。另外，為了抑制辣味，使用八角、陳皮等自
製辣油。麵條部分，特別向カネジン食品訂製中粗
直麵，1人份麵量為170g。添加樹薯粉的關係，麵
條的彈性非常好。

撒在麵條上的山椒是麻味強勁的漢
源花椒（右）。

將麵條放入芝麻醬汁和湯底混合的
鍋裡，讓麵條充分吸附。

味道構成要素

乾蝦

接著將乾蝦擺在日本水菜和肉味噌上。使用蒸煮過的乾蝦，在充滿強勁麻味的擔擔麵裡成為突出的一大亮點。

白芝麻醬汁

將芝麻醬汁倒入鍋裡加熱。使用芝麻泥、芝麻粉、半糊狀芝麻泥製作芝麻醬汁，除芝麻外，也添加一些醬油。

芽菜

最後擺上芽菜。芽菜也是自家先精心調味過的。

湯底

加熱芝麻醬汁後，倒入湯底混合在一起。使用雞豬熬煮近似白湯濃度的湯底。所有分店皆使用相同的湯底，統一外包製作。

辣油

店裡自製辣油。大量芝麻油搭配八角、陳皮等7、8種素材調製而成。刻意降低辣味，方便用於其他餐點中。

麵條

將煮熟的麵和已混合加熱的芝麻醬汁與湯底拌勻。無湯擔擔麵用中粗麵煮約2分20秒。隨著外送需求增加，去年起在麵條中加樹薯粉，以避免失去彈性。

山椒

最後再撒上山椒就完成了。採購整顆漢源花椒粒，以2天1次的頻率研磨成粉。製作辣油時則使用其他一般花椒。

日本水菜・肉味噌

以食物夾將麵條夾至盛裝容器中，再擺上日本水菜和肉味噌。自製的肉味噌使用瘦肉比例較高的絞肉，佐以甜麵醬和豆瓣醬調味。

變化版

香菜＋100日圓

洋蔥＋100日圓

無湯黑胡麻擔擔麵 880日圓

使用黑芝麻製作芝麻醬汁，味道獨具特色。如同製作「無湯白芝麻擔擔麵」的芝麻醬汁，將芝麻粉、芝麻泥和半糊狀芝麻泥混合在一起，而除了日本產醬油，另外搭配中國醬油製作成芝麻醬汁。加入油炸青蔥以增添鮮味。配料包含日本水菜、肉味噌、乾蝦、芽菜、蔥。額外追加的配料——香菜和洋蔥也十分受歡迎。

黑芝麻醬汁

醬汁中添加中國醬油，打造不同於無湯白胡麻擔擔麵的風味。

店裡還有使用蒟蒻麵的「擔擔蒟蒻麵」（900日圓），健康又美味。

無湯擔擔麵 900日圓

在店裡受歡迎的程度，僅次於主打餐點「無湯白胡麻擔擔麵」。以白芝麻為基底，客人點餐後將芝麻醬汁和200mℓ的湯底倒在鍋裡加熱。先將麵條盛裝於碗裡，再注入熱湯汁。最後擺上肉味噌、乾蝦、芽菜、韭菜、水煮小松菜。

有湯擔擔麵裡添加使用研磨花椒殼製作的山椒油。

使用低加水率的細麵，1人份麵量約130g。煮麵時間約1分10秒。

兒童擔擔麵 450日圓

專為兒童設計的餐點，分量和價錢都相對較少。店裡常有攜家帶眷的客人，所以兒童擔擔麵是這家分店才有的菜單。以白芝麻為基底的擔擔麵，不添加辣油和花椒，味道較為溫和。湯底量約170mℓ，麵量大約65g。兒童餐通常也會附上一杯加蓋的果汁。

基於過敏原的考量，兒童擔擔麵裡不放乾蝦。

各種需求，有求必應！
容易混拌，麻味強勁的擔擔麵

擔擔麵專賣店「汁なし担担麺 ピリリ 水天宮店」的所在地點極為方便，距離東京Metro地鐵水天宮前站或人形町站都只要徒步數分鐘就到得了。創業於2016年7月，用餐空間寬敞且時尚，強烈麻味的擔擔麵更是令人留下深刻印象。堅持使用店裡自製的辣油、新鮮的花椒，以及3種芝麻調製的芝麻醬汁，所以店裡的擔擔麵受到極高的評價。

店裡的主要餐點包含「無湯白胡麻擔擔麵」、「無湯黑胡麻擔擔麵」、「有湯擔擔麵」等。最受歡迎的是以白芝麻為基底的「無湯白胡麻擔擔麵」，店長西山晉平先生表示「店裡使用的花椒麻味強烈度不同於其他店家」。這家店使用香氣濃郁且麻味強烈的漢源花椒，為了保持新鮮度，以2天製作1次的頻率在店裡自行研磨所需分量。店裡自製的辣油裡也會添加花椒，並用於其他餐點中。

刻意降低辣味的辣油，以芝麻油為主軸，添加八角和陳皮等7～8種素材調味。味道的骨架為芝麻泥、芝麻粉、半糊狀芝麻泥3種芝麻和醬油調製的醬底，於客人點餐後再混合湯底一起加熱。接著再將煮熟的麵條放入碗中一起拌勻，讓麵條確實吸附湯汁。為了讓麵條和湯汁均勻混拌在一起，現在的湯汁用量比開業之初多一些，因此即便間隔一段時間，還是能輕鬆攪拌。

麵條是特別向カネジン食品訂製，無湯擔擔麵使用中粗直麵，有湯擔擔麵則使用低加水率，具紮實口感的細麵。因新冠肺炎疫情蔓延的關係，店裡也開始提供外送外帶服務，高峰時段和內用客滿時的營業額不相上下。為了防止外送路途較長而變質，從前年開始，製作麵條時另外添加樹薯粉，讓麵條更有彈性。

店內座位寬敞不擁擠，而且為了呈現展示的感覺，刻意將室內裝潢打造得極具時尚感。男女性客人約各佔一半，因為深受女性客人喜愛，特別提供使用蒟蒻麵的健康窈窕「擔擔蒟蒻麵」餐點。另外也有專為小孩設計的兒童餐，針對各個年齡層的需求提供完美的服務。

以容易攪拌的容器
盛裝「無湯」擔擔麵！

這家店的特色之一是麵條容易混拌均勻。刻意使用底淺且口徑寬的容器，方便客人充分拌勻麵條。另外，湯量稍微多一些，即便間隔一段時間也能輕鬆攪拌。

汁なし担担麺 ピリリ

地址：東京都中央区日本橋人形町2-15-17海老原ビル2F
營業時間：11點～15點，18點～22點（最後點餐時間）
公休日：無休（僅年末年初當天公休）
HP等：https://piriri.hygge.co.jp/
經營企業：株式会社ヒュッゲ

175°DENO 担担麵 [東京 銀座]

充滿四川產花椒香氣與麻辣味的辣油，搭配腰果的芳香，讓人一吃成主顧！

擔擔麵（無湯）900日圓

店裡最受歡迎的主打餐點。老闆親自前往中國四川省採購花椒。店裡使用自製辣油，最大特色是充滿濃郁香氣，因為辣油裡不計成本地添加大量四川產花椒。另外搭配使用腰果，增添堅果的芳香風味。麵條上擺放以各種醬汁調製的「炒醬肉」，讓整體味道更具畫龍點睛的效果，愈咀嚼，愈有豐富的鮮味在口中散開。多樣化風味巧妙交織出來的美味，吸引不少客人一再上門光顧。

針對喜歡麻味的客人，提供「花椒3劍客（150日圓）」，全部都採購自中國四川省。

味道構成要素

乾蝦

使用中華料理常用的「蝦米」。事先浸泡在紹興酒醬汁中，讓麵條添增蝦鮮味。

芝麻醬汁

芝麻醬汁是擔擔麵的味道主軸，使用芝麻泥、芝麻粉、醬油、穀物醋調製而成。風味清爽且帶有芝麻獨特的鮮味。

辣油

使用陳皮、桂皮、八角等10種辛香料調製辣油。刻意降低辣味以突顯花椒香氣。

湯底

有清淡的清湯和濃厚白湯2種湯底供以選擇。擔擔麵的味道因湯底的不同而呈現截然不同的風味。點無湯擔擔麵時，建議選擇清湯。

腰果

不裹麵糊直接油炸腰果。既有咬感，又多了一種風味，同時也讓整碗麵更具香氣。

麵條

使用100%北海道產小麥麵粉製作，將超高筋、高筋和香味濃郁的麵粉混合的高加水率麵條。以9號切麵刀切成粗麵。需煮約4分30秒，口感Q軟有彈性。

花椒

選用中國四川省最重視「香氣與麻味」的花椒。店裡使用具強烈柑橘香氣的花椒。

肉味噌

店裡使用的肉味噌稱為「炒醬肉」，使用豬粗絞肉，並以甜麵醬、豆瓣醬、豆豉醬等調味。刺激性辣味可以襯托出肉燥的鮮味。

擔擔麵（有湯）950日圓

店裡的「擔擔麵（無湯）」是最受歡迎的No.1餐點，而「擔擔麵（有湯）」也不遑多讓，搶下No.2的寶座。尤其到了冬天，點有湯的客人會大幅增加。將芝麻粉、辣油、醋、芽菜（醬油淹漬）、白蔥、花椒放入碗裡，湯底加熱至80℃後倒入芝麻醬汁混合均勻。使用不同於無湯擔擔麵的麵條，低加水率的中細直麵，吸附湯汁的效果非常好。

煮麵時間依季節而異，一般為1分45秒。

湯底和芝麻醬汁煮沸後即關火。大火滾太久容易造成油水分離。

黑芝麻擔擔麵（無湯）950日圓

2015年構思的白芝麻擔擔麵變化版。不同於白芝麻版本，黑芝麻版本比較重視香氣，關鍵在於不使用會出現甜味的材料。打造不同味道的材料主要是芝麻醬和芝麻粉。添加黑芝麻粉之後，整體的色香味全都升級。

老闆親自前往中國四川考察，使用大量嚴選花椒製作正宗擔擔麵

第一家店開業於2013年的札幌，目前版圖逐漸擴展至東京、江別、福島、仙台等地。老闆出野先生曾在東京都內多家擔擔麵專門店當學徒，多番努力後終於開發出現在的無湯擔擔麵。

老闆對自家擔擔麵非常講究，每半年會前往中國四川一次，直接挑選採購花椒。光是四川省就有40多種花椒，從中挑選「香氣和麻味」強烈的花椒。香味方面，特別選擇帶有柑橘香氣的花椒。出野先生具有「藥膳專家」資格，拜訪四川省的同時也會採購各種調味料，甚至自行調配店裡使用的辛香料。

其實出野先生不擅長吃辣，自從認識一位純手工製作辣油的專家後，基於「希望讓更多人品嚐雖然辣卻帶有鮮味的辣油」而決定開創一家以辣油為主角的擔擔麵專賣店。店裡自製的辣油除了使用嚴選的四川省花椒，還搭配陳皮、桂皮、八角等10種香料，非常重視均衡的香氣。以低溫加熱方式將香料的香氣完整封存在油裡，溫度達175℃時才加入辣椒，這樣才能讓素材的特色發揮到極致。

這也是「175°」這家店名的由來。以花椒搭配辣油所製作的擔擔麵，重視鮮味、風味和香氣，不擅長吃辣的人也能充分品嚐。麻味分成5級供客人選擇。

這家店主打擔擔麵，分成有湯和無湯，但無論哪一種，都使用相同的芝麻醬汁。有湯和無湯擔擔麵所使用的麵條粗細、含水量都不一樣，各自發揮優勢以打造最佳風味與口感。多支付100日圓，還可以選擇含抗性澱粉（難消化吸收的澱粉）的「醣質減少50%麵條」。

有湯和無湯擔擔麵的共通點都是先將芝麻粉、芽菜（醬油醃漬）、白蔥、花椒油倒入碗裡，然後注入湯底混拌均勻。放入煮熟麵條後再盛裝炒醬肉、腰果和提煉花椒油後剩餘的花椒等作為配料。

來店客人中，45%是女性，55%是男性，為了讓女性客人能輕鬆入內用餐，店內裝潢刻意營造出一股溫馨氣息。

擔擔麵一七五郎 1000日圓

構思於2019年，靈感來自二郎系拉麵。目前是排行第3的人氣餐點。使用日清海洋麵粉製作麵條、搭配蔬菜（高麗菜和豆芽菜）、醬油淹漬的豬五花叉燒肉、蒜泥、背脂。一般分量為900g，大分量為1.2kg，超大分量為1.8kg。

175° DENO 担担麵

地址：東京都新宿区西新宿7丁目2-4新宿MSビル1F
營業時間：日～四　11點～22點（最後點餐21點45分）
　　　　　五、六、國定假日　11點～23點
　　　　　（最後點餐22點45分）
經營企業：株式会社175

きさく 五反田店 ［東京 五反田］

※目前歇業中（2023年3月確認）

廣島無湯擔擔麵的始祖，
使用與總店相同的材料進軍東京！

無湯擔擔麵（麻味弱・辣味中）800日圓

緊實的細麵、強烈麻味的山椒、倉橋島產的寶島蔥，這是目前「廣島無湯擔擔麵」的基礎食材。不使用芝麻醬汁，改用濃厚魚貝風味的湯底混合醬油醬汁、四川花椒、辣油調製擔擔麵。湯底、醬底、辣油全都來自廣島總店，讓客人也能享用與總店一模一樣的美味。麻味和辣味皆可依客人需求加以調整，但標配為輕度麻味、中度辣味。

將碗裡的麵條、醬汁、肉末和蔥等配料混拌20次以上再享用，這就是廣島式吃法。

（上）使用四川省花椒。（左）以甜麵醬、昆布醬油、紹興酒調味豬絞肉製作肉末配料。

味道構成要素

湯底

在瀝乾麵條水分的期間，將湯底注入碗裡。湯底也由廣島總店負責製作。添加了魚粉的濃厚魚貝風味湯底。

辣油

將辣油倒入碗裡。使用廣島總店調製的辣油。如果選擇辣味等級標準的「中」，添加沙拉油稀釋，選擇「強」則不做任何添加。選擇「弱」，則增加沙拉油用量。

麵條

吊掛45秒瀝乾水分後，瀝乾的麵條比較容易吸附湯汁。所以務必細心瀝乾後再放入裝有醬汁和湯底的碗裡。

醬汁

倒入辣油後再倒入醬汁。醬汁也是廣島總店親自調製。以醬油為基底，添加大蒜片等調製而成。

肉末

麵條放入碗裡後先不要攪拌，接著將肉末置於麵條上。使用日本產豬絞肉，並以甜麵醬、昆布醬油、紹興酒調味製作成肉末。2天製作一次。

山椒粉

使用四川省花椒製作而成。自產地購入整顆花椒粒，再自行於店裡研磨。麻味等級標準的「弱」使用1.25g，「中」使用2.5g，「強」則使用5g。

蔥

最後以夾子取青蔥置於最上方就完成了。使用與總店相同的青蔥，比較不辣的倉橋島生產的寶島蔥。

麵條

從煮麵機撈起來後，先不放入碗裡，而是連同麵切掛著瀝乾水分。吊掛時間大約45秒。一般中碗麵量為110g，大碗為165g。

變化版

蔥增量＋100日圓

無湯擔擔麵 800日圓

主打餐點「無湯擔擔麵」相當受到客人的喜愛，搭配使用大量廣島無湯擔擔麵的特色之一廣島縣吳市倉橋島產的寶島蔥。店裡使用的寶島蔥和廣島總店的一模一樣。若加點追加配料「蔥增量」，碗裡會有多到看不到麵條的青蔥，就連盛裝方式也與總店如出一轍。

店長山本祥吾先生表示「寶島蔥非常美味且比較不辣」。以切成蔥花的狀態分送至各間分店。

迷你牛小排飯（350日圓）是東京分店的原創餐點。不少點甜辣調味的「無湯擔擔麵」客人，最後都會再加點這道餐點。

白飯（150日圓）和溫泉蛋。建議吃完麵後，最後再倒入白飯。溫泉蛋則是店裡自製的。

溫泉蛋是「無湯擔擔麵」的隨餐配料。可以戳破蛋黃，和麵條混拌在一起吃。

傳承雞豬湯底＋芳香辣油

五反田分店的特色是在「無湯擔擔麵」的基底湯裡添加香氣濃郁的辣油和醬油醬汁，這同樣由廣島「きさく」總店調製。充滿魚貝香氣的濃厚雞豬湯底。

山本店長表示「在東京地區只有我們的分店才吃得到與『きさく』總店一模一樣的味道」。

來自總店的湯底、醬汁和辣油！
最短3分鐘內即可享用總店美味，
大幅提升翻桌率

　　山椒的強烈麻味、緊實的低加水率細麵、倉橋島產的寶島蔥等具有多項特色的廣島無湯擔擔麵。以始祖麵店之姿引爆熱潮的正是位於廣島的總店「きさく」。五反田分店開業於2021年7月，是東京第一家分店。因材料全部來自廣島總店而蔚為話題。

　　主打餐點「無湯擔擔麵」的特色之一是直接撒在麵條上的山椒，強烈的麻味深受老饕喜愛。使用整顆花椒粒，於店裡自行以食物調理機研磨。麻味等級依山椒用量而異，從零至「強」共提供5個等級的麻味，滿足各種需求的客人。

　　充滿濃郁魚貝風味的湯底、醬油醬汁、辣油等調製基底味道的材料都來自廣島總店，這也是吸引客人上門的一大優勢。麵條上的肉末是店裡自製，2天製作1次，使用甜麵醬、昆布醬油、紹興酒等調味豬絞肉，調味料的選用也都確實地考慮到醬料與麵條的相容性。

　　麵條方面，使用容易吸附湯汁的細麵，關鍵在於煮熟後瀝乾水分。連同麵切一起吊掛瀝乾水分，確實瀝乾後再放入碗裡。為了讓麵條與湯底充分結合，這個步驟絕對不能省略。

　　另外一道人氣追加餐點是「蔥增量」，倉橋島產的寶島蔥滿滿覆蓋在碗裡，多到幾乎看不到麵條，視覺效果相當震撼。將所有食材混拌20次以上後再享用，這是「きさく」式吃法。也可以將另外單點的白飯和擔擔麵隨附的溫泉蛋混拌在一起享用，吃完麵再吃飯，是一道可以同時享受多種美味的餐點。

　　夏季另外推出冷麵系列的菜單，像是「無湯擔擔冷麵」。除了辣油和醬油，還會添加以蕃茄為基底的醬汁，可說是夏季人氣餐點。店長山本祥吾先生表示「這道擔擔冷麵有種冷版義大利麵的感覺。」據說相當受到女性客人青睞。

　　店裡的無湯擔擔麵只需要3分鐘左右即可上桌，速度快又效率佳。據說吧台6席座位在尖峰時段可以高達7～8次的翻桌率，這高翻桌率也是這家店的一大優勢。

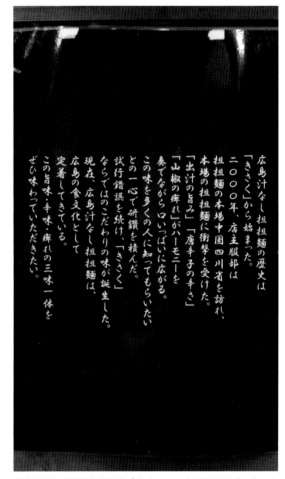

帶動廣島無湯擔擔麵熱潮的「きさく」。廚房裡掛著說明書，上面詳細記載「きさく」的誕生與堅持，展現出店家的個人魅力。

元祖広島汁なし担担麵 きさく 五反田店
※目前歇業中（2023年3月確認）

地址：東京都品川区西五反田2-6-1石塚ビル1階
營業時間：11～15點，17～23點
Twitter：@kisaku_gotanda
經營：小口忠寬

中華そば くにまつ 神保町店

花椒的香麻味讓人上癮，廣島無湯擔擔麵

無湯擔擔麵 原味 690日圓

最具當地麵特色的「廣島無湯擔擔麵」。花椒的刺激嗆味和辣油的辣味讓人一吃就上癮，這也是大約6成的客人必點的餐點。使用麵包專用的高筋麵粉，製作Q彈有咬勁的中細麵條，再搭配充滿香料香氣的辣油、溫和濃郁的芝麻醬、雞骨熬煮的湯底，充分攪拌讓麵條吸附所有湯汁。最後撒上大量花椒，隨著攪拌與吸啜麵條，會有陣陣清爽香氣撲鼻而來。

約8成客人會點一碗白飯作為收尾。也有不少客人將溫泉蛋和麵條混拌一起吃。附有白飯和溫泉蛋的「無湯擔擔麵 原味套餐」一客850日圓。

味道構成要素

麵條

使用彈性好、口感佳的自製麵條。以22號切麵刀切出方形直麵，咬感不會太軟也不會太硬。加水率為33%，煮麵時間約1分10秒。

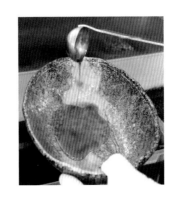

五香辣油

調製方法P.75

將沙拉油和芝麻油混合在一起。由於添加肉桂、八角、陳皮、花椒等香料，風味更佳且香氣更濃郁。

肉味噌

調製方法P.77

以店裡自製的甜麵醬調味，所以肉燥帶有甜味。為了避免口感過於乾鬆，務必一口氣以大火翻炒，立即鎖住肉汁。

醬油醬汁

調製方法P.76

混合濃味醬油與穀物醋的簡單醬汁。使用一般家庭也經常用的穀物醋，打造吃不膩的美味。

白蔥

相對於使用青蔥的新味，原味擔擔麵多使用白蔥作為配料。用清水沖洗3～4次去除辛辣味。盛裝時稍微輕壓一下，避免堆太高而倒下。

芝麻醬

調製方法P.76

由焙炒芝麻和沙拉油製成的芝麻醬。芝麻不要磨太細，保持點顆粒感。

花椒

使用紅花椒和青花椒2種花椒。由於使用的是真空狀態下研磨成細粉的花椒，所以格外充滿新鮮香氣與清涼麻味。

湯底

以湯底稀釋醬汁類，不僅讓麵條好吸附，也可以避免麵條沾黏在一起。使用雞骨、背脂、調味蔬菜熬煮毛湯。冷卻後撈出多餘油脂。

無湯擔擔麵 新味 690日圓

使用西日本地區居民偏好的低加水率細直麵，最大特色是脆口咬感佳。由於是細麵，容易吸附醬汁。與原味一樣使用本釀造的濃味醬油，但以豆豉和香醋的組合取代穀物醋，營造濃濃的中華風味。同樣添加廣島縣吳市倉橋島的青蔥。

外帶包裝方式。罐子裡裝辣油和醬底、肉味噌、花椒。塑膠袋裡裝青蔥和生麵，完全重現店裡現煮的美味。

KUNIMAX 新味 750日圓

大量青蔥與肉味噌的客製化餐點。相較於原味，新味的點餐率高出許多。不使用芝麻醬，相比於一般餐點，改用6倍的山椒與1.5倍的辣油，刻意突顯麻味與辣油的辣味。另外在新味的KUNIMAX裡添加豬油，美妙的滋味令人有如中毒般上癮。

麵條上擺放50g青蔥。其他餐點也都一樣，建議充分攪拌均勻後再食用。

打造令人想每天上門的美味、物美價廉，吸引不少忠實回頭客！

2007年創業於長野縣松本市，2009年遷移至廣島縣廣島市。大約半年後，經媒體報導店裡一道充滿辣椒刺激嗆味與花椒麻味的主打餐點「無湯擔擔麵 原味」而聲名大噪，一舉成為人氣夯店。除此之外，這道餐點的食譜公開後，類似餐點瞬間在周遭的餐館裡蔓延，居酒屋、咖啡廳等各類型的餐飲店都陸續看得到這道餐點。「廣島無湯擔擔麵」儼然成為當地的新麵食。雖然出現不少爭相模仿的擔擔麵專賣店，但松崎代表很有自信地表示：「不會後悔公開食譜，反而因為增加不少勁敵，正好可以督促自己鑽研更美味的餐點」。

打造味道時最重視的並非帶給客人的衝擊性，而是吃完後存留下來的餘韻。以每天都想吃一碗的味道為目標，不使用令人「感到膩」的鮮味調味料（但肉味噌的豬鮮味較淡，會在醬汁裡斟酌使用少量鮮味素）。雖然擔擔麵起源自中國四川省，但這家店刻意使用日本醬油和一般家庭常用的穀物醋，打造日本人感到熟悉且比較能夠接受的味道。

另一方面，為了讓客人願意每天上門，用心提供快速且物美價廉的餐點。雖然餐點價錢因各家分店而異，但廣島總店的「原味擔擔麵」一碗是600日圓（神保町店為690日圓）。透過濃縮餐點種類以提高供餐效率，同時也有助於減少損失、降低售價以回饋給顧客。打造味道和價格策略的成功，為店裡帶來不少忠實回頭客。在競爭激烈的地區裡，廣島總店依舊能夠維持著每日供餐300碗以上，外帶20～30份的佳績。

隨著店家的名氣愈來愈大，同樣經營餐飲業的常客提出「想要一起開店」的想法，在這個契機之下開始接受加盟，以廣島市內為中心，陸續在東京、松本、仙台、島根開設16家分店，目前分店數量與版圖陸續擴展中。開業至今15個年頭，依舊氣勢如虹。

客製化辣味與麻味，自助式省時又省力

提供1～4個等級的辣度，但一人包辦所有工作的神保町分店裡，全品項都只有2個等級的辣度供客人選擇（針對不擅長吃辣的客人，減少辣味與麻味）。覺得不夠辣的客人，可以自行使用桌上的辣油和花椒等調味料加以調整，打造專屬於自己的麻辣味。

中華そば くにまつ 神保町店

地址：東京都千代田区神田神保町1-22
營業時間：11點～15點（最後點餐時間14點50分）
　　　　　17點～20點（最後點餐時間19點50分）
※星期六僅白天營業
公休日：星期日、星期六晚上
經營企業：フーズ株式会社
HP：kunimatsu-hiroshima.com
Twitter：@kunimatsu_tokyo

汁なし担担麺専門

キング軒 東京店 ［東京 大門］

女性客人的比例超過4成！
倍受矚目的廣島式無湯擔擔麺

無湯擔擔麺（中碗分量・2級辣）630日圓

低加水率細麺、突顯山椒風味等「廣島式」，基本
要件一應俱全的主打餐點。使用廣島特產的寶島
蔥，就連醬油醬汁所使用的醬油也是向廣島老舖川
中醬油特別訂購，幾乎所有材料都來自廣島。而味
道的主角山椒，使用3種中國產山椒，並將不同研
磨方式的山椒混合在一起使用。辣油重視香氣更甚
過於辣味，所以使用了肉桂、桂皮等7種材料調製
而成。

將半碗飯（50日圓）倒入剩餘的
肉味噌中，混拌製成擔擔飯。

將溫泉蛋（50日圓）放入麺裡做
成拌麺，獨特風味也深受喜愛。

味道構成要素

麵條

使用低加水率的中細直麵，以22號切麵刀切條。煮麵時間為55秒，確認客人在自助點餐機上按下「中碗」按鍵後，即將相對分量的麵條放入煮麵機中。

辣油

添加肉桂、花椒、桂皮、辣椒等7種材料調製而成。肉桂的風味強烈，重視香氣更甚於辣味。

肉味噌

將麵條放入碗裡後再擺上肉味噌。使用橢圓形麵碗，方便客人攪拌麵條、醬汁和肉味噌。

醬油醬汁

將醬油、醋和高湯等混合製成醬油醬汁。特別向川中醬油採購感覺得到鹹味，但鹽分含量不高的醬油。

蔥

蔥也是廣島式無湯擔擔麵的特色之一，選用的是廣島特產青蔥「寶島蔥」。

芝麻醬汁

倒入辣油和醬油醬汁後再注入芝麻醬汁。芝麻醬汁的秘訣在於黏稠度，講究最能夠襯托出鹽味的最佳黏稠感。

山椒・豆豉粉

使用中國產3種山椒混合在一起。山椒會吸收水分，所以每天早上研磨當天所需的分量。廚房裡使用的山椒比較重視香氣，而餐桌上擺的山椒則重視麻味。

湯底

放入芝麻醬汁後再注入湯底。自創業以來，針對包含湯底在內的所有味道構成要素、用量共改變過4次，不斷精進並提升味道的精緻度。

大碗蔥＋150日圓

大碗蔥使用的是廣島特產的寶島蔥，滿滿一大碗除了吃得痛快，還兼具強烈的視覺衝擊力。不少客人都會來份「大碗蔥＋芹菜」。

加蔬菜＋150日圓

蔬菜配料包含綜合生菜葉、羽衣甘藍芽菜苗、豆苗。為了滿足客人「想要吃與廣島總店一模一樣的食材」的需求，全部使用廣島生產的蔬菜。

芹菜＋100日圓

芹菜切丁方便客人攪拌。一開始是作為員工餐，但躍躍欲試的客人品嚐過後，以此為契機開始列入店裡菜單中。

深陷山椒的魅力中！

突顯山椒風味是這家店的特色。山椒會吸收水分，所以每天早上研磨當天所需分量。細研磨的香氣比較濃郁，粗研磨的麻味比較強烈，通常會研磨3種不同的粗細度混合使用。盛裝麵條、配料後撒在上面的山椒重視的是香氣，而擺在餐桌供客人自行取用的山椒則重視辣味，不同研磨程度的山椒各自使用在不同地方。

多樣化吃法充滿無窮魅力！
成功達到12席16次的高翻桌率

「キング軒」主打「廣島式」，提供講究山椒風味的擔擔麵。創業於2011年。廣島於20年前和10年前各引爆一次無湯擔擔麵熱潮，「キング軒」就是誕生於第2次熱潮中。

廣島式無湯擔擔麵的最大特色除了明顯的山椒風味外，還有低加水率的細麵和廣島特產的寶島蔥。這家店還會提供各種享用餐點的多樣化建議，像是攪拌30次以上再吃、吃完麵後倒入白飯拌勻享用、將溫泉蛋和麵條混拌一起吃等。社長渡部崇先生表示「比起第一眼的衝擊印象，更重視吃完之後的感想」。

這家店的特色之一山椒，使用中國生產的3種山椒混合在一起。每天早上研磨，鑽研突顯香氣的研磨方式、強調麻味的研磨方式，巧妙地將不同研磨程度的山椒混合在一起，由於進貨量多，自然會多費點心思在避免產生苦味上。廚房裡烹煮時使用的山椒重視的是香氣，餐桌上供客人自行添加的山椒則重視麻味，依照不同的需求使用不同研磨程度的山椒。以肉桂、花椒、桂皮等材料調製辣油，大膽地使用肉桂來強調香氣。

除了使用有機蔬菜外，為了滿足客人「想要吃和廣島總店一模一樣的食材」的願望，醬油、麵條、溫泉蛋、白米全都使用廣島生產的食材。這幾年來，除了芹菜，其他全部改用廣島特產的食材。

另一方面，看到沒有充分混拌的客人時，店長都會給予「請再稍微攪拌一下」的建議，因此基於「看不到客人攪拌情況」的理由，並沒有將店面擴展至購物商場裡。吧台餐桌上也都貼有最佳享用方法，全都是為了讓客人能夠享用最美味的擔擔麵。

渡部社長所構思的擔擔麵「不屬於拉麵範疇，而是偏向立食蕎麥麵的感覺」，非常講究烹煮、盛裝、上桌的速度，基於這個緣故，在午餐時段能夠成功達到12席16次的高翻桌率。一碗麵的熱量不高，所以深受女性客人青睞，據說銀座分店的晚餐時段，有將近7成都是女性客人。目前廣島、東京、大阪、福岡都設有分店，計畫未來能更進一步將版圖拓展至「全日本、全世界」。

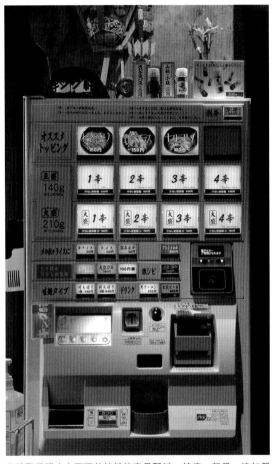

自助點餐機由上而下的按鍵依序是配料、辣度、麵量、追加餐點。最受歡迎的是基本餐點2級辣。可以自行選擇辣油和花椒用量以調整辣度。

汁なし担担麵專門 キング軒

地址：東京都港區芝公園2-10-5グマビル1階
營業時間：星期一～五　11點～15點、17點～20點
　　　　　星期日、國定假日　11點～15點
公休日：星期六
HP：http://kingken.world/
經營企業：株式会社キングファクトリーグループ

すする担担麺 水道橋店

正宗與西式完美融合的二刀流！
深受女性客人喜愛的擔擔麵專賣店

無湯義式風擔擔麵 1080日圓

融入義大利麵元素，深得女性客人喜愛的西式擔擔麵。起初是限定菜單，廣受客人喜愛後轉為常規餐點。將無湯擔擔麵的醬汁，以及雞骨、豬骨、調味蔬菜等熬煮的湯底、辣油混合在一起，然後搭配溫泉蛋和大量起司粉。雖然保留辣味，但也多了一份濃郁溫潤口感。麵條是使用與三河屋製麵共同開發的扁麵。

無湯擔擔麵的醬底使用白芝麻泥、芝麻醬、醬油、味醂等調製而成。

使用2調羹分量的起司粉。格拉娜‧帕達諾起司粉。

味道構成要素

溫泉蛋

擺上肉味噌後，以冰淇淋杓在正中間挖個凹槽，再將溫泉蛋放在凹槽裡。

醬底、芝麻粉、辣油、醋

先將無湯擔擔麵的醬底、穀物醋、芝麻粉、辣油倒入碗裡。自製辣油以大蒜、生薑、蔥、2種辣椒、花椒、沙拉油所調製而成。

起司粉

擺好溫泉蛋後，以調羹舀2杓起司粉撒在上面。添加溫泉蛋和起司粉的瞬間，一道西式風味的擔擔麵就完成了。

湯底

倒入醬底之後再注入50mℓ湯底。湯底使用雞骨、豬骨、調味蔬菜等熬煮而成。委外的湯底是請廠商製作成固體狀的濃縮湯塊，回到店裡後再以加熱水的方式稀釋。

腰果、榨菜

在麵條上放些腰果和榨菜。榨菜以清水去鹹後切末。

麵條

使用與三河屋製麵共同開發的客製麵條。無湯系列餐點使用扁麵，麵量約180g，煮麵時間3分30秒。有湯系列餐點則使用細直麵。

乾蝦、蔥、黑胡椒

最後擺上乾蝦和蔥，因為是義式風味，最後再撒上黑胡椒就完成了。

肉味噌

以自製甜麵醬、獨創「味醬油」調味豬絞肉製作成肉味噌。在濃味醬油裡加入大蒜、生薑、清酒，加熱後製成味醬油。

無湯擔擔麵 900日圓

同「擔擔麵」都是店裡的人氣餐點，一次同時享用花椒與辣油的麻味・辣味。將無湯擔擔麵的醬底、醋、辣油、50mℓ的湯底倒入容器中混拌均勻，接著放入煮熟的麵條，再擺上肉味噌、乾蝦、腰果、榨菜等配料。最後撒上細研磨的花椒，打造強烈麻感。使用略呈黃色的扁麵，煮麵時間約3分30秒。

有湯擔擔麵使用細直麵（下），無湯擔擔麵使用扁麵。扁麵的麵粉味較為強烈。

自製辣油和店裡現磨的花椒重現正宗辣味與麻味

主打餐點「擔擔麵」和「無湯擔擔麵」都帶有正宗的強烈麻辣味。堅持使用四川省的花椒，雖然採購整顆花椒粒，但為了避免顆粒殘留於口中而特意研磨成細粉。將所有辣油材料和水倒入鍋裡，以大火加熱1小時後，再使用篩網過濾大蒜、生薑和蔥，而為了保留花椒風味，刻意將花椒留在辣油中。

點餐時若註明不要麻味，烹煮時會單純使用辣油上層清澈的部分。

透過辣油和花椒調整麻味和辣味。分成0～5個等級。

排骨擔擔麵 1170日圓

擺上一塊店裡最受歡迎的配料排骨，一碗
令人吮指回味的有湯擔擔麵。基底為主打
餐點「擔擔麵」。將芝麻醬、白芝麻粉、
白醬油、昆布高湯等食材調製的獨創醬油
醬汁和湯底混合在一起，再利用辣油和花
椒打造麻辣味。使用日本產豬五花肉製作
排骨，以175℃的熱油酥炸2分鐘。麵條
為細直麵。

將豬肉浸泡在以咖哩粉、醬油調製
的醬汁裡2小時以上。

「起司燴飯」（200日圓）是
將飯和起司放入留有湯汁的碗
裡，再以瓦斯噴火槍炙燒。

鮮蝦擔擔麵 1100日圓

一碗以鮮蝦打造民族風情的餐點。同樣以「擔擔麵」為基底，
搭配醋、櫻花蝦、添加蝦味噌的濃縮蝦泥，以及湯底混合在一
起。配料除了肉味噌外，還有日本水菜、紅洋蔥片、香菜、油
炸麵、水煮鮮蝦。

炸蛋（100日圓）是追加配料，以油炸方式處理
半熟蛋。

融入義式元素的擔擔麵備受注目！
多種限定餐點豐富菜單品項

「すする担担麵 水道橋店」座落於JR水道橋車站前面，一開始賣的是沾麵和拉麵，但2018年起改裝為擔擔麵專賣店。巧妙融合西式精髓的擔擔麵，以及講究辣油與花椒的正宗擔擔麵，二刀流的菜單品項吸引不少客人上門。

店裡的主打餐點是有湯的「擔擔麵」、「無湯擔擔麵」，以及融合義式、中式的變化版「無湯義式風擔擔麵」。尤其「無湯義式風擔擔麵」深受女性客人青睞，以無湯擔擔麵為基底，添加溫泉蛋、大量起司粉、黑胡椒等材料，保留擔擔麵原有的辣味，也多了一份濃郁溫潤口感。開業之初「無湯義式風擔擔麵」是限定菜單，但深受客人好評，於1年半前列入常規菜單中。

經典「擔擔麵」和「無湯擔擔麵」非常講究花椒，採購整顆四川產花椒粒，並於店裡自行研磨，為了避免花椒顆粒殘留口中，會多花點心思研磨到非常細緻。另外一個重點特色則是店裡自製的辣油，沙拉油裡添加大蒜、生薑、青蔥、中國產純辣椒粉、七味粉、整顆花椒粒等材料，並以大火加熱熬煮1小時。過濾時僅保留花椒，讓辣油充滿花椒風味。

使用與三河屋製麵共同開發的獨創麵條，有湯系列的餐點使用細直麵，無湯系列的餐點則使用扁麵。

這家店固定每隔數個月更換一次限定菜單，夏季有冷麵系列的「豆乳擔擔冷麵」，秋季有「波隆那肉醬擔擔麵」、冬季則有充滿民族風情的「鮮蝦擔擔麵」，配合季節更新菜單。除此之外，追加配料菜單則包含利用碗裡剩餘的湯汁做成「起司燴飯」，以及使用醬油調味半熟蛋，再以200℃熱油酥炸的「炸蛋」等，不受限於傳統擔擔麵的框架，致力於開發新穎餐點。除了女性客人多以外，晚上也有不少從附近東京巨蛋要返家的客人，客群涵蓋範圍廣，全因為多樣化的豐富餐點緊緊抓住客人的胃。

店內貼有對呈現「辣味」、「麻味」、「胡麻」所使用的辣油、四川花椒、芝麻等種種堅持的解說海報。

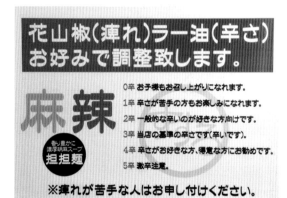

透過辣油和花椒的用量來調整辣味與麻味。有0～5個等級供客人選擇。標準為3級，4～5等級的辣度另外添加哈瓦那辣椒粉。

すする担担麵 水道橋店

地址：東京都千代田区外神田三崎町1-4-26
營業時間：11點30分～23點（最後點餐時間）
公休日：無（僅年終年初當天休息）
HP：https://menya-susuru.jp/tantansuidobashi/
經營企業：株式会社MINORU

鯛担麺專門店
恋し鯛 ［東京 水道橋］

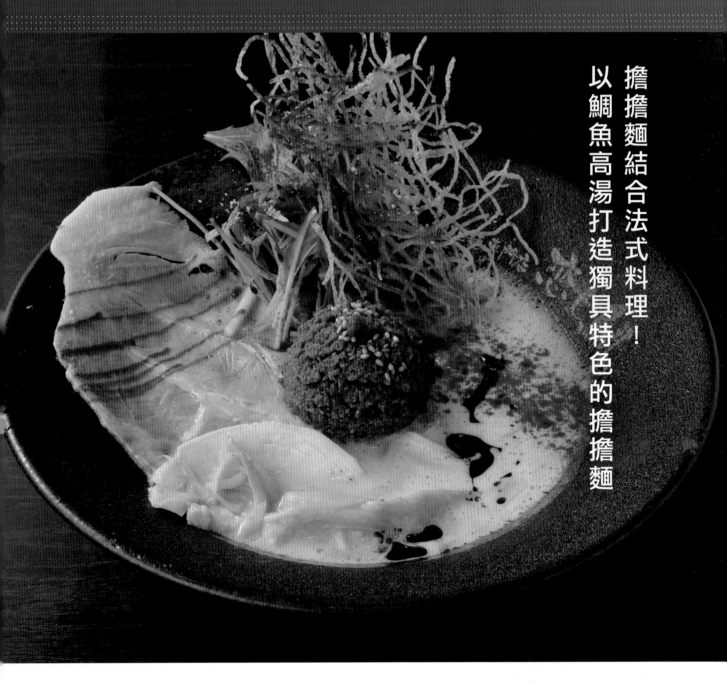

擔擔麵結合法式料理！以鯛魚高湯打造獨具特色的擔擔麵

鯛擔麵 880日圓

兼具鯛魚高湯的香氣與擔擔麵的麻辣，店裡的主打餐點「鯛擔麵」。不使用動物類素材熬煮湯底，而是使用宇和島產的鯛魚，以小火慢慢熬煮9個小時。擔擔麵的風味來自使用白芝麻調製的芝麻醬、以芝麻油和白絞油為基底的辣油、辣椒和花椒的綜合香料。放入甜麵醬、蠔油調味的絞肉，更添擔擔麵風味。

加麵用乾拌麵（300日圓），每3個月更換菜色。圖中為起司口味。

午餐套餐隨附的鯛魚飯，以鯛魚高湯煮飯，再擺上鯛魚生魚片和芝麻醬。

味道構成要素

麵條

將麵條放入已盛裝湯汁的碗裡。使用「大橋製麵多摩」的捲麵，一人份麵量大約120g。無湯擔擔麵則是使用了比較粗的直麵。

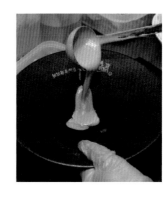

鯛魚油、芝麻醬

開始煮麵時即將鯛魚油和芝麻醬注入碗裡。以白芝麻和各種素材調製芝麻醬。

日本水菜、叉燒、雞胸肉、筍乾

麵條上鋪日本水菜、低溫烹調的叉燒豬肉、雞胸肉、筍乾。事先將日本水菜、洋蔥以及紅蘿蔔在一起烹煮。

辣椒・花椒

放入芝麻醬後，接著放入辣椒和花椒的綜合香料。綜合香料包含了純辣椒粉和四川花椒。

絞肉、辣油

使用豬肉和雞肉的絞肉，佐以甜麵醬和蠔油調味。以芝麻油和白絞油為基底，添加大蒜、生薑、辣椒、醬油等調製成辣油。

山椒油

在綜合香料之後，倒入山椒油。

馬鈴薯、紅椒粉、堅果、巴薩米可醋

將馬鈴薯切成細絲後油炸。
以立體方式將配料盛裝於碗裡，增添視覺效果。

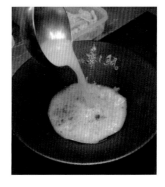

湯底

不使用動物類素材熬煮湯底，使用宇和島產的鯛魚，以小火慢慢熬煮9小時。湯底部分統一由中央廚房處理。以手持攪拌機攪拌至成濃純的細泡沫狀。

無湯鯛擔麵 880日圓

洋溢著鯛魚清香風味的無湯擔擔麵。使用白芝麻調製的芝麻醬汁裡，添加少許不同於有湯擔擔麵的鯛魚高湯，加強魚貝類的鮮美風味。先將芝麻醬汁、鯛魚油、辣椒和花椒的綜合辛香料、山椒油倒入碗裡，接著放入麵條拌勻，讓麵條吸附滿滿的鮮味。配料方面和有湯擔擔麵一樣，但另外以盤子盛裝溫泉蛋。使用「大橋製麵多摩」的粗直麵，麵量比有湯鯛擔麵多，約180g。

無湯擔擔麵中，在芝麻醬裡添加少量鯛魚高湯以補足鯛魚風味。

浸泡在鯛魚高湯醬汁中半天的半熟蛋（100日圓）。

鯛担麵專門店 恋し鯛

當鯛魚高湯遇上法式料理，獨具創意。
以花椒和山椒油打造經典擔擔麵

「鯛担麵專門店 恋し鯛」因這道使用鯛魚高湯烹煮且充滿獨特創意的擔擔麵而聲名大噪。這家店開業於2020年7月的水道橋，在大阪「鯛担麵專門店 抱きしめ鯛」的督導下，於東京開設第一家分店。提供結合「法式料理」與「鯛魚」的美味餐點。

作為味道骨架的湯底不使用任何動物類食材，只用愛媛縣宇和島產的鯛魚，以小火慢慢熬煮9小時。於客人點餐後，再使用攪拌機將湯底打發成細泡沫狀，店長足立可奈先生表示「如此獨特且費時費力的創意是為了讓泡沫中飽含空氣而增添滑順濃郁口感。」使用鯛魚油強調魚貝風味的同時，也以辣油等完美表現擔擔麵原有的風貌。這家店的辣油以芝麻油和白絞油為基底，添加辣椒和花椒的綜合香料、山椒油等調製而成。一碗單純的擔擔麵既散發鯛魚香氣，也充滿麻味與辣味。

搭配湯底的芝麻醬汁以白芝麻為主，並添加其他食材，以獨特配方調製而成。盛裝於麵條上的豬雞絞肉以甜麵醬和蠔油調味，味道隨時間慢慢溶解至湯裡，讓擔擔麵風味愈來愈強烈，味道上的變化也令人多吃上幾口也不嫌膩。除此之外，不僅直接添加紅椒粉和巴薩米可醋，也以馬鈴薯薯條打造立體狀的裝飾，法式料理般的華麗視覺效果，有別於一般樸實無華的擔擔麵。

依餐點的不同使用「大橋製麵多摩」生產的捲麵或粗直麵。用於追加拌麵裡的調味每3個月定期更換一次，但統一都是「明太子起司」、「羅勒醬」、「奶油培根」等西式口味。主要目的是為了讓客人享受不同於基本鯛擔麵的多種風味。

午餐時段推出「鯛飯套餐」，鯛擔麵搭配以鯛魚高湯蒸煮的鯛魚飯。桌上擺放一個裝有鯛魚高湯的熱水瓶，想吃茶泡飯的客人可以自行取用添加。不少上門的客人在午餐時段都會來一份午間套餐。

男女性客人的比例約為7：3，男性居多，但單獨一人上門的女性、情侶、家族客人也不少，各年齡層的客群都喜愛有加。

以鯛魚高湯為基底，
展現法式料理的視覺美

這家店的特色是以鯛魚高湯為味道基底。之所以使用鯛魚，除了鯛魚是法式料理常用的食材外，以鯛魚烹煮湯底也是十分常見的料理技法。「想要製作新穎的法式拉麵」這個想法是這道餐點的出發點。雖然是日式餐點，但腦中隨時意識著要打造法式風格的華麗視覺饗宴。

絲毫不手軟地使用宇和島產的鯛魚熬煮湯底。鯛魚高湯同時也用於蒸飯和溏心蛋。

以手持電動打蛋器打發湯底費時又費力，但成品的口感非常滑順柔軟。

鯛担麵專門店 恋し鯛

地址：東京都千代田区神田三崎町3-1-18
營業時間：平日11點～15點（最後點餐時間14點30分）、
　　　　　17點～22點（最後點餐時間21點30分）
　　　　　星期六日、國定假日11點～21點
　　　　　（最後點餐時間20點30分）
公休日：終年無休
HP：https://www.koishitai-ramen.com/
經營企業：株式会社おいしいラボ

担々麺

琉帆RuPaN [京都 西新井]

充滿芝麻香且滑順濃郁的湯底
適度微辣的溫和擔擔麵

擔擔麵 850日圓

濃厚的芝麻味裡添加穀物醋的酸味和辣油的辣味，層層重疊的味道讓整體更溫和順口。不使用香氣過重的食材和調味料，將肉味噌調味得帶些甜味，不擅長吃辣的客人也能輕鬆享用。沒有使用花椒，所以麵裡不帶麻味。至於湯底的辣度，有「無辣」、「小辣」、「標準辣」、「大辣」供客人選擇，小朋友可以選擇無辣口味，吃起來完全沒負擔。使用具有彈性的扁麵，不僅容易吸附湯汁，吞嚥口感也極佳。

豬油裡拌入洋蔥和青蔥，熬煮至帶有焦香味的自製蔥油。熬煮湯底過程中添加一些，可以增添濃郁度和與眾不同的風味。

味道構成要素

長蔥、豆芽菜、青江菜

長蔥切成蔥末狀並撒在湯汁上。再將配料的水煮豆芽菜以及青江菜擺在最上面。

芝麻醬汁

調製方法P.80

在芝麻醬和醬油醬汁裡添加穀物醋、乾蝦、腰果、榨菜、芝麻油，調製充滿豐富味道且濃郁的醬汁。靜置熟成後再使用，味道更融合，醋的酸味也變得溫和些。

甜味肉味噌

調製方法P.81

為了讓客人享用豬肉的口感，店裡自製擔擔麵專用的甜味肉味噌。以自製甜麵醬調味，由於含有紅味噌特有的高級甜味與濃郁層次感，添加於湯底時，溫潤口感逐漸蔓延。

湯底

調製方法P.81

以雞為基底，搭配調味蔬菜的高湯，打造爽口清湯。味道偏清爽，反而更能突顯香醇的芝麻風味。芝麻醬汁比較濃厚，注入湯底時務必充分攪拌。

辣油

將自製辣油澆淋在湯汁上就可以端上桌了。少了有著獨特香氣的八角、肉桂等香料，辣椒類的辣味會直接沁入口鼻。

麵條

使用「松本製麵」的中粗捲麵（一人的份麵量大約是150g）。麵條加水率約30％，煮麵時間為4分鐘。略帶寬扁的形狀，容易吸附湯汁。麵條有紮實口感，但是咀嚼起來也十分滑順。

香辣擔擔麵 900日圓

基本上，芝麻醬汁、湯底、麵條都和「擔擔麵」一樣，但另外搭配以豆瓣醬、辣油、焦香辣椒等調味的香辣肉味噌和生薑泥。隨著辣肉燥和生薑泥溶解於湯裡，湯汁味道愈來愈溫和爽口，每一口都充滿驚人的變化。辣度有「小」「中」「大」3個等級可以選擇。

「小辣」添加5ml辣油，「中辣」添加10ml辣油和焦香辣椒，「大辣」添加15ml辣油和加倍分量的焦香辣椒。

麻辣擔擔麵
900日圓

配料為以花椒、焦香辣椒、大蒜等調味的香辣肉味噌。湯底裡也撒上大量花椒，整碗擔擔麵充滿花椒的麻味與香氣。同「香辣擔擔麵」一樣可以依個人喜好選擇「小」「中」「大」3個等級的辣度。花椒用量依辣度而異，充滿刺激性的嗆味讓人一吃就上癮。

無湯擔擔麵 900日圓

一道讓客人願意頻繁地一再造訪的餐點，視個人喜好來一碗客製化擔擔麵。除了可以選擇「小」「中」「大」的辣度，還可以從「甜味肉味噌」「生薑辣味肉味噌」「山椒辣味肉味噌」中挑選自己喜歡的口味，甚至麵條也有以冷水沖過的「冷麵」、沖過冷水再熱水汆燙的「溫麵」和「熱麵」3種不同溫度可以選擇。由於不添加湯底，能夠充分享受自製芝麻醬的強烈芝麻風味，但依然可以依客人需求，使用湯汁加以稀釋。

汁なし担々麺 ☆ の楽しみ方

汁なし担々麺はお客様のお好みにカスタマイズできます
下記からお選びください

① 挽 肉 【 甘口 / 生姜辛口 / 山椒辛口 】

② 辛 さ 【 弱 / 中 / 強 】

③ 麺温度 【 冷たい麺 / ぬる麺 / 熱麺 】

④ 青 菜 【 チンゲン菜 / きゅうり 】

⑤ 胡麻ダレ 【 スタンダード / スープ割り 】

「無湯擔擔麵」的客製化說明書。青菜種類有小黃瓜或青江菜供選擇。

担々麵 琉帆 RuPaN

活用四川料理的烹煮經驗，
從頭到尾親手製作的正宗擔擔麵

老闆過去是四川料理的廚師，曾於赤坂和濱松町的「狗不理」（現已歇業）服務將近7年的時間，練就一身四川料理的好本領。後來也曾在其他不同類型的餐廳工作，但他始終忘不了修練期間品嘗過的擔擔麵好滋味，於是在2016年5月自立門戶，開了一家擔擔麵專賣店。人氣餐點擔擔麵，讓顧客願意特地前來光顧。

承襲修練時習得的味道，主打餐點「擔擔麵」偏溫和口感，雖然第一口帶酸味，但香醇的芝麻風味隨即在口中散開。基於「希望不擅長吃辣的人、小孩、老人都能輕鬆享用擔擔麵」的想法，致力於熬煮不使用鮮味素，讓大家都能安心將湯喝光光。也希望「讓全家人享用相同的料理，擁有共同的美味記憶，打造外食醍醐味」。為了讓所有客人安心享用美味，不使用市售調味料，一切由主廚從頭到尾一手包辦。特別值得一提的是整碗擔擔麵的關鍵所在——芝麻醬。不少店家為了省事，會直接使用市售商品，但這家店從焙炒芝麻到研磨都不假他人之手，講究純手工製作。除此之外，辣油、甜麵醬，甚至於擺在餐桌上的蔥油也全都是主廚手工調製，完全不使用鮮味素。老闆表示市售產品裡往往含有許多不必要的素材，反而無法打造出理想中的目標味道。

另一方面，為了讓客人盡情享用自己喜歡的味道，提供好幾種不同類型的擔擔麵餐點，像是只添加辣油的一般版、身體逐漸暖和的生薑辣味版、麻味與香氣兼具的山椒辣味版。共用湯底、芝麻醬底、辣油、麵條，再透過肉味噌和添加辣味以增加餐點的多樣化，這也是店裡的一大特色。不僅細分辣度，招牌「擔擔麵」和客製化的「無湯擔擔麵」也都能調整為不辣版本，另外還提供「無辣擔擔麵（半份）＋炸雞」和「醬油拉麵（半份）＋炸雞」等兒童餐，方便一家人輕鬆享用。不僅深受當地家庭喜愛，也吸引不少追求正宗擔擔麵美味的客人上門。開業至今6年多，新客數量仍持續增加中。

3種不同辣味的肉味噌，
打造多樣化不同形象的擔擔麵

麵條、芝麻醬汁、湯底是共用材料，但「擔擔麵」添加「甜味肉味噌」；「香辣擔擔麵」添加「生薑辣味肉味噌」；「麻辣擔擔麵」則添加「山椒辣味肉味噌」，不同餐點使用3種不同辣味的肉味噌，增加擔擔麵味道的豐富性。照片為餐點共用的中粗捲麵，無湯擔擔麵也使用相同麵條。

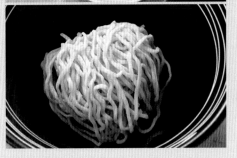

担々麵 琉帆 RuPaN

地址：東京都足立区桑原1-18-8
營業時間：星期二～星期六　11點30分～15點～18點～23點
　　　　　星期日、國定假日　11點30分～21點30分
公休日：星期一（遇國定假日改星期二）、
　　　　每個月第一個星期一、二連休
HP：http://tantanmen-rupan.com/
Instagram：@tantanmenrupan_nisiarai
Twitter：@tantanmenrupan

担々飯店 [東京 神田]

原是中華料理廚師的高超廚藝
從香脆可口的炒青菜也感覺得出

擔擔麵 880日圓

香氣迷人的芝麻風味和略帶顆粒的口感，讓人充分感受大量芝麻的色香味。湯底的味道十分紮實，所以肉味噌的調味相對清爽些，均衡一下免得整體過於濃厚。只用豬肉的話，容易過於油膩，所以添加雞肉混合在一起（豬：雞＝3：2）。而為了增添口感，使用粗絞肉。具十足口感的肉味噌，搭配脆口的豆芽菜、清脆的木耳，以及香脆可口的腰果，豐富口感讓吃麵變得更有趣。

桌上擺有穀物醋和自製辣醬，另外還有2種花椒（整顆和粉末）供客人自行調製喜歡的辣度。

味道構成要素

湯底

以雞骨為主軸,搭配昆布、洋蔥、大蒜、生薑等調味蔬菜熬煮的高湯。為了讓帶有黏度的芝麻醬汁和自製辣醬充分溶解,務必以打蛋器等充分攪拌均勻。

芝麻醬汁

將昆布、鰹節、調味蔬菜熬煮的高湯和濃味醬油混合在一起製成醬油醬汁,然後加入大量芝麻粉和芝麻泥調製成芝麻醬汁。

麵條

用「三河屋製麵」的麵條,以20號切麵刀切條的捲麵。有湯擔擔麵的是中加水率製成的麵條,為了讓麵條容易吸附湯汁。煮一人份麵量150g時間為2分鐘。

米醋、花椒

使用米醋的目的是為了讓味道更為突出。使用花椒的目的則是為了打造麻味。將花椒研磨成細粉,讓麻味和辣味更明顯。

炒蔬菜

客人點餐後,先將大蒜放入沙拉油中爆香,然後再放入豆芽菜、黑木耳、韭菜快炒。只以鹽和胡椒調味,最後加些芝麻油以增添香氣。

辣油

製作方式請參照P.73

突顯辛香料風味的自製辣油,但也特別留意不用味道過於嗆鼻的材料。使用大量花椒,所以麻味十足。

肉味噌、腰果、洋蔥末、花椒

最後以清爽調味的肉味噌、低溫油炸的腰果、洋蔥末以及花椒等作為配料。

自製辣醬

將純辣椒粉、大蒜、生薑混合一起調製而成。辣醬使用上絲毫不手軟,而是如照片所示,加倍添加。而且辣醬隨時擺在桌上,嗜辣的客人可以隨意添加。

無湯擔擔麵　880日圓

在專用醬油醬汁裡添加以芝麻醬、香辣醬油、芝麻油、米醋調製的芝麻醬汁,以及辣油和自製辣醬。由於是無湯擔擔麵,能夠直接感受辣味與麻味。使用具彈性口感的中粗直麵,麵條確實吸附醬汁,表面不會過於滑溜。配料包含稍微以熱水汆燙的豆芽菜和豆苗、洋蔥、肉味噌、素炸腰果。也有不少客人會另外追加香菜、半熟水煮蛋,或者選擇蔬菜增量的餐點。

「無湯擔擔麵」專用芝麻醬汁。由於沒有添加湯底,調製時特別留意黏稠度,避免醬汁過濃。

在午餐需求量大的辦公商圈裡開業。
夜晚主打單點料理，
以喝個小酒的客人為對象

　　老闆曾經在大倉飯店的中式餐廳「桃花林」服務
10多年，在有名的中式餐廳「希須林」擔任5年多的
主廚，更曾於擔擔麵名店「かつぎや」和日式餐廳修
練以精進自己的料理能力，從多年來的經驗與長年來
的修練中，逐漸感受到擔擔麵受歡迎的程度，於是在
2019年成立了這間屬於自己的擔擔麵專賣店。

　　白天是提供「擔擔麵」和「無湯擔擔麵」二種主打
餐點的擔擔麵專賣店，到了晚上則活用自己身為中式
料理主廚的本領，供應多種酒類飲品和單點下酒菜。
品項包含前菜類的「餃子」（300日圓）、「涼拌豆
腐」（300日圓）、「口水雞」（400日圓）等，以
及正餐類的「麻婆豆腐」（600日圓）、「麻婆茄
子」（600日圓）、「乾燒蝦仁」（900日圓）、
「炒飯」（600日圓）、「上海炒麵」（700日圓）
等。可以像午餐時段一樣只享用一碗擔擔麵，但也可
以像居酒屋一樣，喝幾杯酒，再來碗擔擔麵作為收
尾。當初是看上辦公商圈的午餐需求量大這一點，才
選在這個地點開業，但意識到晚餐時段也能變身成喝
小酒聚餐的場所，便開始提供類似居酒屋的服務，生
啤酒、蒸餾酒調酒、威士忌調酒等酒類飲品皆為400
日圓，而單品餐點也都設定在1000日圓以下。以經
濟實惠的價格享用最正宗的美味，透過這種方式為原
本寧靜的夜晚辦公商圈帶來一些人潮。時尚的外觀加
上整潔清爽的室內裝潢，讓女性客人也能夠輕鬆入內
享用。

　　老闆最推薦的餐點是「擔擔麵」，在麵條上擺放熱
呼呼的炒青菜是承襲「希須林」的風格。除了清脆可
口的豆芽菜和韭菜，另外搭配厚質黑木耳、酥脆腰果
以及清脆爽口的洋蔥，打造豐富多樣化的口感。為了
讓客人覺得每一口都很鮮美，不會愈吃愈膩，老闆也
十分用心構思肉味噌。單用豬肉會過於油膩，所以添
加雞肉打造比較清爽的口感。這個肉味噌的用途也非
常廣泛，可以用於晚間菜單中的麻婆豆腐、麻婆茄
子、炒飯、涼拌豆腐等餐點。自製辣油除了用於擔擔
麵外，同樣也可以添加於口水雞等，各種單品的餐點
中。

善用辣椒類食材調整辣度，避免湯汁變得過於油膩

店裡提供的辣度分「適中」、「普通」、「辣」3個
階段。單靠辣油用量調整辣度的話，整體會變得太
油膩，所以「適中」辣度只使用辣油，「普通」辣
度使用辣油和自製辣醬，而「辣」辣度則使用辣油
和2倍（「普通」的2倍）自製辣醬、滿天辣椒，打
造不同等級的辣度。另外也為喜歡超辣的客人準備
生辣椒泥。

担々飯店

地址：東京都千代田区神田錦町1-23-8
營業時間：11點～15點、17點30分～22點30分
　　　　　（星期六僅白天時段營業）
公休日：星期日、國定假日

四川担々麺

赤い鯨 赤坂店 ［東京 赤坂］

充滿滑順與濃郁的美味，8種素材製成的辣油搭配白湯，

四川擔擔麵 980日圓

使用8種素材製作辣油，並且搭配濃厚湯底，一道獨具特色的主打餐點。以雞、豬、調味蔬菜熬煮4個小時，烹調黏稠度高的白湯，搭配芝麻增添滑順濃郁口感。使用八角、桂皮、3種辣椒、山椒粒、陳皮、芝麻等材料調製香氣豐富的辣油。依照不同用途使用3種油品調製芝麻醬，目的是為了襯托芝麻的濃郁美味與香氣。麵條方面則是使用「丸山製麵」的中細扁麵。

點有湯擔擔麵時可以選擇更換為蒟蒻麵。

使用豬肉和牛筋肉混合絞肉製作肉味噌。調味著重濃郁度和甜味。

味道構成要素

辣油

將麵條拌開後，淋上辣油。以八角、桂皮、鷹爪辣椒、朝天辣椒、顆粒山椒、陳皮、芝麻等8種材料調製而成。

醬油醬汁、芽菜、芝麻醬

將醬油醬汁、芽菜和芝麻醬倒入碗裡。以濃味醬油和穀物醋等調製醬油醬汁。煮麵時順便將青江菜放入麵切裡汆燙一下。

蔥

淋上辣油後，將白髮蔥絲置於碗中央。

辣椒

放完芝麻醬後接著放入辣椒。雖然店裡採購數種辣椒，但放入碗裡的只有中國產的純辣椒粉。

肉味噌、青江菜

使用豬肉和牛筋的絞肉，並且以醬油、甜麵醬、大蒜、蘋果泥等調味。加入蘋果泥是為了打造甜味。

湯底

注入以雞、豬、調味蔬菜等熬煮4個小時的300mℓ白湯湯底。由於黏度高，略呈乳脂狀，麵條吸附效果非常好。

花椒、藤椒、紅辣椒絲

將花椒和藤椒拌在一起，然後和堅果、紅辣椒絲一起擺在白髮蔥絲上就大功告成了。最後再以辣油和花椒調整辣度。

麵條

放入煮熟的麵條。使用「丸山製麵」的中細麵，煮麵時間2分40秒。無湯擔擔麵則使用略粗的麵條。有湯擔擔麵的麵量是1人份140g，無湯擔擔麵為200g。

變化版

無湯擔擔麵
980日圓

一道能同時享用花椒麻味與麵條軟Q感的無湯系列擔擔麵。將麵條盛裝至碗裡之前,先倒入芝麻醬和30㎖湯底充分混拌均勻,這個小細節是重要關鍵。使用「三河屋製麵」的中粗扁麵,麵條比四川擔擔麵使用的麵條略粗,煮麵時間為3分鐘。放入麵條後再次混拌均勻,最後放入芽菜、蒜粉、白髮蔥絲、肉味噌、青江菜、堅果等配料。

將花椒和藤椒混合在一起。花椒添增麻味,藤椒增加香氣。

在一般醬油醬汁裡加添甜麵醬、壺底醬油等調製而成。

將湯底與芝麻醬充分混拌在一起,放入麵條後再次攪拌均勻。

排骨四川擔擔麵
1260日圓

是一道可以享用酥脆口感的擔擔麵。於客人點餐後才下鍋油炸，一人份約70g的豬里肌肉。麵衣裡拌有陳皮，獨家創意讓排骨多汁且充滿柑橘的清爽香氣。排骨是最受歡迎的配料，在同系列的餐點中獨佔整體營業額20％以上。

使用豬里肌肉製作成排骨。麵衣裡加入陳皮，增添清爽的香氣。

配料十分豐富，包含排骨、香菜和青江菜等。

以白湯和芝麻醬打造濃厚感

打造味道時最重視白湯搭配芝麻醬的濃厚感。以雞、豬、調味蔬菜等食材加熱4個小時熬煮成白湯。磨碎焙炒白芝麻，再和加熱後的白絞油、米油、芝麻油混合在一起調製成芝麻醬。為了發揮3種油品各自的特色，以白絞油為主軸，添加米油加強濃郁度，增加芝麻油則是強調香氣。

熬煮4小時的白湯。滑順且黏稠度高，容易沾附在麵條上。

使用300ml湯底的四川擔擔麵。加入芝麻醬後攪拌均勻。

以白湯和芝麻醬的組合打造濃厚美味。
外帶也佔了營業額的20％，
深受顧客好評的夯店！

　　擔擔麵專賣店「四川担々麵 赤い鯨」的招牌上有一隻非常吸睛的赤鯨，這家店的主打餐點是混合濃厚白芝麻和白湯，以及使用8種素材製作的辣油所打造的全方面美味擔擔麵。2019年8月開業於赤坂車站附近，由於地點非常好，即使過了中午用餐的尖峰時間，也依然被店家附近的上班族塞得座無虛席，深受客人的高度支持。

　　這家店的主打餐點是有湯的「四川擔擔麵」，作為味道主軸的湯底是使用雞、豬、調味蔬菜等食材熬煮4個小時的白湯。而搭配使用的芝麻醬則是店裡自製的獨門配方，將主軸的白絞油、濃郁的米油、芳香的芝麻油3種油品混合在一起，然後加入焙炒後絞拌的白芝麻調製而成。湯底和芝麻醬混合一起後，由於黏度高，容易和麵條沾裹在一起。店家所屬的株式会社クロコ飲食事業部麵業部長的三橋元氣先生表示「店裡擔擔麵的特色就是濃厚的白湯與芝麻。讓人吃一口就有『擔擔麵！』的感覺」。

　　該店有自製辣油，使用八角、桂皮、鷹爪辣椒和朝天辣椒等3種辣椒、山椒粒、陳皮、芝麻等8種材料調製而成，店裡更張貼使用說明，讓客人可以視個人喜好，從9種麻辣效果中選擇自己最喜歡的一種。另外也備有混合漢源花椒和藤椒調製，能夠直接撒在麵條上可食用的花椒，既重視麻味，也不忘香氣。

　　麵條來自2家不同的製麵所，「四川擔擔麵」和「無湯擔擔麵」各自使用粗細不同的麵條。有湯系列的擔擔麵還可以另外選擇口感Q彈的蒟蒻麵，由於熱量低，深受不少女性客人青睞。配料種類也十分豐富，包含排骨、起司、溫泉蛋、香菜等。其中最受歡迎的是「排骨」，但起司和溫泉蛋也都各自擁有相當高的支持度。

　　男女性客人比例約為7：3，主要客群在任職於附近的上班族。自從新冠肺炎疫情蔓延以來，為了滿足客人的需求，開始提供外帶服務。最初以無湯系列的餐點為主，但後來希望外帶有湯系列餐點的客人愈來愈多，於是便開發出可連同容器一起使用微波爐加熱的商品。大約1年前開始，外帶訂單愈來愈多，目前約佔總營業額的20％。

以看板方式呈現店裡辣油所使用的8種材料與9種功效，展現辣油的最佳特色。

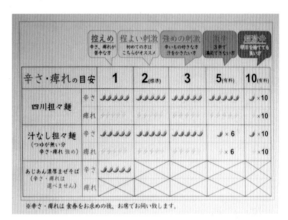

每張餐桌都貼有註記辣度與麻度的說明海報。1～3級為免費，5、10級需額外收費。建議初次嘗試的客人選擇2級。

四川担々麵 赤い鯨 赤坂店

地址：東京都港区赤坂5-4-11 Porte bonheur 1F
營業時間：11點～23點
公休日：終年無休
Twitter：@akai__kujira
經營企業：株式会社クロコ

辣椒漢 神田本店 [東京 神田]

堅持正宗無湯擔擔麵，延續對芝麻・花椒的講究，

正宗擔擔麵 900日圓

佔店裡總營業額的6～7成，充滿強烈花椒香氣的主打餐點。使用花椒麻味較為溫和的華北花椒，採購後於店裡自行去殼並研磨成粉末狀。特製醬汁中添加的芝麻醬，是駒込分店引以為傲的自製芝麻醬。將純白芝麻粗研磨成芝麻粉，焙炒後和豬骨、雞骨、調味蔬菜等熬煮的湯底混合在一起。麵條方面使用向福島縣羽田製麵特別訂製，以12號切麵刀切條的粗麵。

使用以紹興酒為基底的酒粕淹漬溏心蛋。切開後洋溢著酒香。

配料之一的香菜（100日圓）深得人心。

味道構成要素

堅果

將肉味噌放在麵條中間並撒上搗碎的堅果。有湯擔擔麵系列也會添加堅果。

榨菜

撒上堅果後，再放入切碎的榨菜。

青蔥

接著撒些切成蔥花的青蔥。

蘿蔔芽

最後將蘿蔔芽擺在正中間就完成了。為了增加視覺效果，將麵條從原本的白色改成黃色，讓麵條在藍色碗中更加搶眼。

麵條

原則上無湯擔擔麵使用粗麵（右），有湯擔擔麵則使用細麵（左）。但有湯擔擔麵系列的超辣擔擔麵、麻辣擔擔麵由於湯汁相當嗆辣濃郁，所以使用粗麵。煮麵時間為粗麵3分鐘，細麵1分30秒。

醬底

碗裡先盛裝麵條，然後淋上味道的主軸醬底。使用芝麻醬、花椒、純辣椒粉、醬油、辣油、黑醋、鮮味素調製醬底。

肉味噌

絞肉拌炒後以篩網過濾，並於油脂冷卻後製作成果凍狀。再次將果凍狀醬汁調製成炒醬，最後倒入已去除掉油脂的絞肉加以調味。

變化版

特化正宗擔擔麵
1050日圓

比主打餐點「正宗擔擔麵」更具刺激性美味，適合愛吃辣的客人。在「正宗擔擔麵」裡加入朝天辣椒、四川漢源花椒，增強麻味與辣度。目前駒込分店已無提供這項服務，但神田總店會因應常客的需求，使用略帶特殊氣味的「花椒油」。

選用香氣和鮮味都十分優質的朝天辣椒。

去除絞肉的多餘油脂，只將鮮味成分倒回絞肉中加以調味。

日式擔擔麵 950日圓

芝麻香氣溫潤且濃郁的擔擔麵。以芝麻醬、辣油、醬油、黑醋等調味，再注入湯底就大功告成了。辣味主要來自白絞油、桂皮、陳皮、八角、華北花椒、純辣椒粉等調製的辣油，只需要一湯匙，保證又香又辣。配料包含有絞肉、堅果以及迷你青江菜。

用豬骨、雞骨、調味蔬菜熬煮的湯底。

麻辣擔擔麵 1050日圓

為喜歡嚐鮮和嗜辣的客人所準備的香辣湯底。基底味道是「日式擔擔麵」，為了打造濃厚感，不僅減少湯底用量，也盡量抑制芝麻味。一碗擔擔麵約放入7～8根切碎的普里克基諾辣椒（prik kee noo），藉此打造辣味，同時也使用華北山椒增添香氣。神田總店以青蒜取代迷你青江菜。

風靡15年的正宗無湯擔擔麵
講究芝麻醬與花椒的品質，
追求二者間的絕妙平衡

「辣椒漢　神田本店」於2007年開業，15年來持續推出正宗無湯擔擔麵。早在擔擔麵專賣店普及之前，這家店就十分講究用於烹煮擔擔麵的芝麻與花椒。

主打餐點是無湯的「正宗擔擔麵」。開業初期主打有湯的「日式擔擔麵」，另外也供應「正宗擔擔麵」，但不久之後，二者受歡迎的程度完全翻轉。據說現在「正宗擔擔麵」的收入高達總營業額的6～7成，非常受到顧客的喜愛。

秘傳醬底是店裡自製的芝麻醬，使用純白芝麻並自行焙炒，然後以絞肉機進行研磨。為了保留顆粒口感，芝麻只研磨一次，然後以使用各種調味料、豬骨、雞骨、調味蔬菜熬煮的湯底加以稀釋。老闆岡田健一先生表示這麼做會比單用調味料來得容易調整鹽分，目標是打造「麻味與辣味均衡的擔擔麵」。

堅持使用適合日本人的花椒，所以「正宗擔擔麵」用的是麻味和香氣都比較溫和的華北花椒。而具有刺激性嗆味的「特化正宗擔擔麵」則使用四川漢源花椒，兩種花椒皆於採購後自行在店裡去殼並研磨後使用。將這些花椒和芝麻醬、中國產純辣椒粉、醬油、辣油、黑醋、鮮味素等混合在一起調製成醬底，然後澆淋在麵條上，這也是這家店的特色之一。

麵條為羽田製麵所生產的粗麵和細麵2種，無湯系列使用粗麵，有湯系列使用細麵。2種皆為高加水率的麵條，粗麵以12號切麵刀切條，細麵則以22號切麵刀切條。以前使用的麵條偏白，但為了使麵條在藍色碗中更加搶眼，現在改用顏色偏黃的麵條。配料的肉味噌也經過特別設計，先將絞肉炒過，過濾提取鮮味肉汁，冷卻後製作成果凍狀，然後再將果凍狀醬汁調製成炒醬，最後再次倒入絞肉拌炒調味。而配料溏心蛋也特別以紹興酒酒粕事先淹漬。

開業之初僅2種餐點，但基於不讓客人吃膩的想法，現在多了各式各樣的豐富餐點。刺激味強烈的「特化正宗擔擔麵」、使用普里克基諾辣椒的「麻辣擔擔麵」・「激辣擔擔麵」、使用九條蔥的「九條擔擔麵」等充滿獨特個性的美味菜單。

自家焙炒芝麻＋上等花椒，
打造豐富多樣的香味

這家店堅持使用優質的芝麻與花椒。為了留下略帶粗糙的顆粒感，採購只研磨1次的白芝麻。而目前使用的華北花椒，則是老闆尋尋覓覓花了9年才找到的上等貨。麻味與香氣都極為溫和，非常符合日本人的口味。

除了講究品質的芝麻醬，還添加花椒、辣椒、醬油、辣油、黑醋等調製醬底。

依菜單餐點的不同，分別使用漢源花椒（右）或者是華北花椒（左）。在店裡進行去殼的精製處理。

担々麵 辣椒漢 神田本店

地址：東京都千代田区神田錦町1-4-8
營業時間：平日11點～15點、17點30分～20點
　　　　　星期六11點～14點
公休日：星期日、國定假日
經營企業：東京おいしい株式会社

ビンギリ [東京 荻窪]

目前點餐率依舊超越8成，主打餐點的勝浦擔擔麵

勝浦擔擔麵 850日圓

在勝浦當地通常會於醬油拉麵上擺放炒肉和洋蔥，然後澆淋辣油，但相對於這樣簡單的烹調方式，店裡的作法是以雞、豬熬煮的濃郁白湯搭配以辣油為基底的辣味肉味噌，味道與香氣更加厚重。配料豐富，包含切粗顆粒的清脆洋蔥、色彩鮮豔的韭菜、粗絞肉製成的肉味噌。最後撒上大量的花椒，令人感到通體舒暢的辣味與麻味。

人氣餐點「白飯（一般分量）＋生雞蛋套餐」（150日圓）。將擔擔麵配菜和蛋黃置於白飯上，建議搭配置於餐桌上的辣大蒜一起食用。

186

味道構成要素

洋蔥

加熱湯底和醬底後，放入勝浦擔擔麵的固定配料之一洋蔥。事先將洋蔥切成大顆粒狀，方便客人享用清脆口感。

醬油醬汁

以濃味醬油、魚醬、味醂、清酒、精製鹽、上白糖、真昆布、日本鯷魚乾、大蒜、生薑汁等調製成專用醬底。由於湯底本身帶辣，所以醬油醬汁調製得甜一些。

麵條

使用加水率30％，以20號切麵刀切條的方形捲麵，一人份麵量約150g，煮麵時間為1分10秒。麵條雖細，但具有十足咬感，而且能夠確實吸附濃郁湯汁。

白湯

製作方式請參照P.62

濃郁的白湯中濃縮了雞、豬、調味蔬菜等的鮮味。濃厚湯底令人留下深刻印象。

韭菜

雖然不是打造勝浦擔擔麵味道的必要食材，但添加韭菜是為了營造獨特視覺效果。紅通通湯底搭配鮮綠韭菜的組合可謂是相得益彰。

肉味噌

製作方式請參照P.64

粗絞肉製作的肉味噌即便泡在湯裡也具有十足的存在感。盡量縮短加熱時間以保持多汁口感。

花椒

將麻味強烈和溫和的2種花椒（皆為紅色）混合一起使用。採購整顆花椒粒，然後在店裡以攪拌機研磨後使用。

辣油

取製作肉味噌時浮在表面的油脂作為勝浦擔擔麵的專用辣油。直接使用的話，濃度可能太高太辣，必須要添加沙拉油可以稀釋。

無湯擔擔麵 800日圓

使用大量花椒以突顯麻味。配料的
腰果和乾蝦、炸洋蔥、香菜等不僅
添增口感，在風味上也具有畫龍點
睛之妙。搭配使用彈性佳的扁麵。
雖然是「無湯」擔擔麵，但為了方
便攪拌麵條，也為了增加濃郁度，
還是會在麵裡加入少量白湯。

每一桌都有可用於改變味道
的「蝦辣醬」，以及炸蒜片
和純辣椒粉調製的「辣蒜」
調味料，供客人自行取用。

ビンギリ

極品擔擔麵 800日圓

將鮮味強烈的乾蝦粉溶解在共用的白湯中，使味道更具有深度與層次感。添加黑醋用以提味，讓湯頭更顯得濃郁。為了配合濃厚湯底，使用容易吸附湯汁的中粗麵。搭配甜麵醬等調味的肉味噌，其甜味有助於讓整體味道更為溫醇。透過辣油的用量來調整辣度。

依菜單餐點的不同
分別使用2種肉味噌！

以超粗的豬絞肉製作「勝浦擔擔麵」專用肉味噌，以辣油調整辣味（左方照片）。另外以中粗豬絞肉製作一般擔擔麵使用的肉味噌，並以甜麵醬調味（右方照片），活用2種不同類型的肉味噌，打造多樣化擔擔麵餐點。

以高品質「勝浦擔擔麵」為武器，
竄升都內首屈一指的擔擔麵專賣夯店

老闆鈴木健兒曾服務「大成食品」，擔任製麵與經營拉麵店的諮詢顧問。從事製麵業務工作的期間，心裡開始萌生「自己也想要親手製作拉麵」的想法，於是靠著自己的努力學習與研究，終於在2011年開了這家店。當時擔擔麵專賣店不算普及，再加上小時候在鄉下常吃的勝浦擔擔麵成為當地B級美食而倍受矚目，基於這兩個契機，便開了一間以勝浦擔擔麵餐點為主軸的擔擔麵專賣店。這家店離車站比較遠，起初為了招攬客人而吃盡苦頭，但畢竟東京都內比較沒有機會品嚐到勝浦擔擔麵，所以開業沒多久便吸引不少媒體爭相報導，也多虧媒體的宣傳，一躍成為當地的人氣夯店。開業至今10多年，依舊吸引不少饕客前來排隊。大家的目標都是主打餐點「勝浦擔擔麵」。即便是現在，選擇勝浦擔擔麵的客人依舊有8成之多。鈴木先生表示「我們的優勢在於能提供其他店家吃不到的主打餐點。而我們也致力於打造其他美味餐點，期望讓客人完食後還想再次上門光顧。」

藉由開發出好幾種極具特色的擔擔麵，愈來愈展現出店家的專業性。一般擔擔麵多使用雞清湯，但這家店使用雞、豬、調味蔬菜熬煮的濃厚白湯，追求獨創的美味。「起初我們也使用清湯，但開業1年後改用白湯。由於味道變得比較強烈，客人的反應也熱烈許多。」變更湯底的同時，也改變肉味噌、辣油、醬底等的調味，以期讓客人留下更深刻的印象。

目前店裡的常規菜單包含3種擔擔麵（「勝浦擔擔麵」、「極品擔擔麵」、「無湯擔擔麵」）和醬油口味的「ビンギリ拉麵」。這些餐點都使用先前提過的濃厚白湯，但醬底、肉味噌、辣油、麵條、配料部分則依餐點的不同分開使用，讓每一份餐點都具有獨創性與震撼力。每年夏季還有清湯裡添加豆乳和甜醋調製而成的清爽「擔擔冷麵」系列，充滿創意的擔擔麵餐點令人深深著迷。

ビンギリ

地址：東京都杉並区桃井1-12-16
營業時間：12點～14點30分
公休日：星期日、每月第一週的星期一

花椒房 ［東京 三軒茶屋］

義式料理主廚撇開先入為主的觀念獨家開發！

羊羔肉×魚貝高湯的擔擔麵

麻辣羊羔肉擔擔麵

（有湯）1200日圓

三軒茶屋的「Firenze SAKE」是間供應清酒配義式料理的餐廳，但午餐時段會供應羊羔肉味噌擔擔麵。其微甜且有獨特香氣的調味令人一吃上癮，更不用任何動物類食材的魚貝風味湯底，獨特創意的麻辣羊羔肉擔擔麵吸引不少饕客上門。用白芝麻為基底的醬汁，搭配自製辣油。

店裡出名的羊羔肉味噌燥肉除了使用羊羔肉外，還搭配豬頸肉、生薑、乾香菇等材料一起烹煮。

點有湯系列的擔擔麵時可以依個人喜好選擇粗麵或細麵。店家推薦細麵，這是向「YAMAGUTIYA製麵所」特別訂製的麵條。

味道構成要素

羊羔肉味噌

製作方式請參照P.70

將羊羔肉和豬頸肉以3：1的比例混合製作成肉味噌。為突顯辣油和花椒的味道，羊羔肉肉燥特別調味得甜一些。

白芝麻醬汁

注入白芝麻醬汁。將研磨核桃、九州醬油、魚粉、芒果或蘋果果醬倒入芝麻泥中，然後再以魚貝高湯稀釋。

辣油

店裡自製辣油。以芝麻油為基底，添加整根朝天辣椒、粗研磨和細研磨辣椒、辣椒粉、洋蔥、生薑、整顆花椒粒、橙皮等調製而成。

湯底‧醬油醬汁

以小鍋加熱魚貝湯底，倒入九州醬油和黑醋拌勻，接著注入裝有白芝麻醬汁的碗裡。將乾香菇、昆布、鰹節、伊吹小魚乾等放入鍋裡，以小火熬煮2～3個小時製成魚貝湯底。

青蔥‧腰果‧炸洋蔥

倒入辣油後，放入青蔥、腰果、炸洋蔥等配料。

花椒

撒上花椒就大功告成了。使用四川花椒，採購整顆花椒粒，並在店裡自行研磨。

麵條

無湯系列的擔擔麵使用粗麵，有湯系列的擔擔麵則可以自行挑選粗麵或細麵。店裡使用的麵條都是特別向YAMAGUTIYA製麵所訂製。一人份麵量約130g。

四川担々麵 花椒房

無湯醬油擔擔麵 880日圓

為了突顯九州醬油和花椒的風味，不使用白芝麻醬汁的擔擔麵。碗裡倒入九州醬油、自製辣油、以伊吹小魚乾為主的魚粉、魚貝高湯等混合均勻，接著放入麵條。照片裡的餐點另外添加香菜、半熟水煮蛋等配料（各100日圓）。

不使用動物類食材製作的魚貝高湯，完全不添加鮮味素等調味料，而是以鰹節、伊吹小魚乾、乾香菇、昆布等打造具有層次感的魚貝風味。

用於「白胡麻擔擔麵」和「醬油擔擔麵」的肉味噌，使用豬絞肉製作而成，沒有使用羊羔肉。

「Firenze SAKE」的花房惠悟主廚負責烹煮擔擔麵。

無湯白胡麻擔擔麵

950日圓

店裡最受歡迎的餐點。使用添加研磨核桃和水果果醬，並以魚貝高湯稀釋的白芝麻醬汁、色彩鮮豔的食材製作的辣油，以及四川花椒，一碗重視均衡麻味與辣味的正宗擔擔麵。另外以豬絞肉調製肉味噌。

晚間營業時段是日本酒義式料理餐廳「Firenze SAKE」，擔擔麵專賣店「花椒房」只限定於星期一、五、日的午餐時段營業。

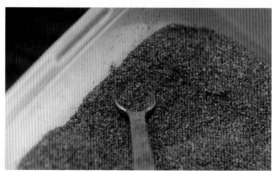

店名的由來是擔擔麵不可或缺的主角「花椒」。同時也是取自主廚花房惠悟的名字。

羊羔肉×魚貝湯底的組合
深受忠實顧客的喜愛！
義式料理主廚親自研發的創意擔擔麵

「花椒房」靜靜座落於三軒茶屋的小路上。晚餐時段是供應日本清酒搭配義式料理組合的餐廳「Firenze SAKE」，僅午餐時段才化身為擔擔麵專賣店。投身於義式料理世界25年的主廚，撇開對擔擔麵先入為主的觀念，研發好幾種擔擔麵的新菜色。

2021年5月開業，原本午餐時段沒有營業，但新冠疫情的影響下，為了激勵員工便開始構思經營擔擔麵專賣店。起初店裡的菜單由曾經在擔擔麵專賣店工作過的員工負責設計，但看到客人完全截然不同的反應，「Firenze SAKE」的花房惠悟主廚感到十分有趣，於是便決定認真投入擔擔麵的世界，也重新構思與研發現在的菜單餐點。現在除了本店外，同樣位於三軒茶屋的2號店「四川担々麺・花椒房はなれ」也會於平日晚間時段供應擔擔麵。

人氣餐點包含有湯・無湯的「白胡麻擔擔麵」、「醬油擔擔麵」，以及創意十足的「麻辣羊羔肉擔擔麵」。起初麻辣羊羔肉擔擔麵是期間限定餐點，由於深受客人好評而列入常規菜單中。將絞拌1次的羊羔肉和豬頸肉以3：1的比例混合在一起加熱，並且以九州醬油、韓國辣椒醬、甜麵醬、孜然等調味，羊羔肉的獨特香氣讓人一吃就上癮。如同熊谷貢店長所說「很多顧客是衝著羊羔肉而來。」充滿話題性的麻辣羊羔肉擔擔麵成功吸引不少忠實粉絲。

使用魚貝高湯作為湯底，只用伊吹小魚乾、鰹節、昆布、乾香菇等食材熬煮，完全不使用鮮味素等調味料。熊谷先生表示「不使用鮮味素等調味料，對身體比較有益。畢竟不少客人會將碗裡的湯一飲而盡。」在芝麻泥中添加芒果或蘋果果醬調製白芝麻醬汁，打造甜味與味道層次感也是這家店的精心之作。除此之外，辣油也是店裡自製，以芝麻油為基底，添加數種辣椒、蔥、生薑、花椒、橙皮等素材調製而成。

客群年齡層約落在20歲後半至50歲，男女性比例各半，是一家各年齡層都能接受的擔擔麵專賣店。菜單設計是基於工作人員的操作模式，今後也會繼續以這樣的方式經營擔擔麵專賣店。

四川担々麺 花椒房

地址：東京都世田谷区三軒茶屋2-10-14 昭和ビル1F
營業時間：星期日11點30分～15點
　　　　　（最後點餐時間14點30分）
公休日：星期一、二、三、四、五、六

四川担々麺 花椒房はなれ

地址：東京都世田谷区三軒茶屋1-5-16 1F
營業時間：星期二、三、四、五17點30分～22點
　　　　　（最後點餐時間21點30分）
公休日：星期一、六、日
Twitter：@huajiaofang
經營企業：Firenze Sake株式会社

一次給足三片和牛叉燒，豪邁主打餐點和牛擔擔麵

頂級和牛擔擔麵 2000日圓

頂級和牛擔擔麵可說是護國寺分店的門面招牌餐點，絲毫不吝嗇地使用鹿兒島和牛的沙朗部位（後腰脊部）。社長親自前往鹿兒島選購，並以低溫方式料理和牛叉燒，充滿鮮味的和牛搭配芝麻風味相互襯托。將和牛鋪在麵條上後，澆淋二次辣油，接著放入牛肉肉燥（以豆瓣醬等中式調味料增加辛辣味）和綠花椰菜苗。花椒先去皮後再研磨，風味和香氣更突出。

「西京漬溏心蛋」，用白味噌與蜂蜜調製醬汁將溏心蛋醃漬2天。

活用和牛油脂的副餐小菜「咖哩和牛」，是一道相當受歡迎的餐點。

**是MENSHO集團的旗艦店，
除「頂級和牛擔擔麵」外，
還有許多具獨創性的美味餐點**

　　護國寺店開業於2016年12月，店內還有專用製麵所與中央廚房，可說是MENSHO集團的旗艦店。男女性客人比例約5：5，平日上門的客人多半是店家四周的上班族，星期六、日的客群年齡則涵蓋範圍比較廣。

　　護國寺店裡最受青睞的餐點是「醬油拉麵」和「鹽味拉麵」，但媒體曾大幅報導宣傳的則是添加和牛叉燒的「頂級和牛擔擔麵」。這道餐點幾經數次的精進改良，5年來也一直保留在菜單中。社長於開業初期親自廣為宣傳，1天甚至可以賣出50碗，即便是現在也還有1天10碗左右的佳績。

　　副餐餐點是獨具特色的「咖哩和牛」，據說是2020年新冠疫情期間所開發。店裡特有的菜單是與日印綜合料理集團「スパイス番長」的Shankar Noguchi合作共同開發的結晶。咖哩醬之所以充滿鮮味，是因為活用製作和牛叉燒時產生的油脂，然後再搭配大蒜、生薑、洋蔥、蕃茄等食材烹煮，美味又健康。另外，飯類餐點中最受歡迎的是和牛丼，外帶這份餐點的客人也不少。追加配料中最受青睞的則是「西京漬溏心蛋」，以白味噌和蜂蜜調製的醬汁醃漬溏心蛋整整2天。

MENSHO 護国寺

地址：東京都文京区音羽1-17-16中銀音羽マンシオン 1F
營業時間：11點～21點（最後點餐時間20點40分）
公休日：星期一
經營企業：株式会社麵庄

味道構成要素

芝麻醬汁、湯底

以芝麻、濃味醬油、甜麵醬、杏仁奶等調製濃郁感十足的芝麻醬汁。然後再與使用牛骨、調味蔬菜等熬煮6個小時左右的湯底混合在一起。

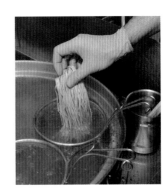

麵條

一人份的麵量大約是140g。使用20號切麵刀切條的直麵。煮麵時間依氣溫和狀態而改變，原則上大約50秒。工作人員每天會針對麵條狀態進行確認。

和牛叉燒

麵條上鋪3片和牛叉燒肉，共計100g。以醬油、砂糖、酒、大蒜、生薑、長蔥等調味，味道同一般叉燒肉一樣偏甜。

辣油

以丁香、月桂葉、肉桂、陳皮、八角、生薑、蔥、韓國辣椒等8種材料自製辣油。澆淋在和牛叉燒上。

JIKASEI MENSHO [東京 澀谷]

不使用動物性蛋白質和油脂，純素擔擔麵！

純素擔擔麵 1050日圓

不使用任何動物性蛋白質和油脂的擔擔麵。添加名為「擔擔醬」的特製芝麻醬汁，更添風味與香氣。雖然也使用花椒，但只作為提香之用。另外添加大豆肉（素肉）、堅果，不單是健康取向，也為了突顯芝麻的美味與咬感。辣油重視的是濃郁感，所以辣度相對不強烈。

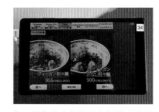

每一張餐桌上都設置有觸控式點餐平板。

「純素無湯擔擔麵」的味道更加地濃郁。

深受重視健康的女性顧客喜愛！
純素擔擔麵一躍成為店裡的主打餐點

MENSHO集團向來以極具獨創性的拉麵聞名，而「JIKASEI MENSHO」則是開業於2019年11月的分店，位於澀谷PARCO地下1樓，因地段的關係，女性客人約佔了5成。1名員工包辦店裡所有大小事，所以採用觸控式平板讓客人自行點餐與結帳。

這家店不同於其他店家，從開業之初就主打「純素擔擔麵」，即便多年後更換過菜單和盛裝容器，仍依舊堅持走純素路線。店內擺放筷子與湯匙的容器都沿用以前使用過的器具。目前店裡最受歡迎的餐點是搭配醬油醬汁（使用2種醬油）與豬清湯、雞白湯熬製的拉麵。而選擇純素餐點的客人也不算少，約佔所有餐點的1/3。

純素餐點包含「純素擔擔麵」和「純素無湯擔擔麵」2種。「純素無湯擔擔麵」使用粗捲麵，吃起來很有咬感。也因為無湯的關係，粗捲麵更能吸附醬汁，芝麻鮮味更顯濃郁、強烈。

不單為了健康的理由，也因為使用大豆肉（素肉）、牛蒡、堅果等食材，更能襯托芝麻的鮮味，口感也更加豐富。擔擔麵本身不帶辣味，添加辣油有助於添增味道的層次感。

JIKASEI MENSHO

地址：東京都渋谷区宇田川町15-1 渋谷パルコ PART1
營業時間：11點30分～16點（最後點餐時間15點30分）
　　　　　17點～21點（最後點餐時間20點40分）
公休日：終年無休
經營企業：株式会社麺庄

味道構成要素

湯底

以芝麻醬、豆豉、豆瓣醬、甜麵醬、大蒜、杏仁奶等調製名為「擔擔醬」的特製芝麻醬汁，然後再與湯底混合在一起。打造出濃郁並且清爽的口味。

麵條

麵粉裡添加美國正流行的超級食物藜麥，降低醣質和麩質。低加水率的細直麵，一人份麵量約150g，煮麵時間約1分鐘。

素肉味噌

由於是純素餐點，所以使用大豆肉（素肉）製作肉味噌，以中式調味料調味並拌炒至飄出香味。透過這種方式打造肉質鮮味與咬感。

配料

配料包含菠菜、綜合堅果、蔥白、筍乾、洋蔥、牛蒡片、青蔥等。用於筍乾的調味料也完全不含動物性素材。

TITLE

傳統 X 進化 擔擔麵的風味革新

STAFF

出版	瑞昇文化事業股份有限公司
編著	旭屋出版編輯部
譯者	龔亭芬
創辦人 / 董事長	駱東墻
CEO / 行銷	陳冠偉
總編輯	郭湘齡
特約編輯	謝彥如
文字編輯	張聿雯　徐承義
美術編輯	許菩真
國際版權	駱念德・張聿雯
排版	洪伊珊
製版	印研科技有限公司
印刷	桂林彩色印刷股份有限公司
法律顧問	立勤國際法律事務所　黃沛聲律師
戶名	瑞昇文化事業股份有限公司
劃撥帳號	19598343
地址	新北市中和區景平路464巷2弄1-4號
電話	(02)2945-3191
傳真	(02)2945-3190
網址	www.rising-books.com.tw
Mail	deepblue@rising-books.com.tw
初版日期	2023年4月
定價	680元

ORIGINAL JAPANESE EDITION STAFF

撮影	後藤弘行、曽我浩一郎（旭屋出版）／川井裕一郎、キミヒロ、野辺竜馬、前田博史、間宮 博
デザイン	株式会社ライラック（吉田進一）
編集・取材	井上久尚　平山大輔／河鰭悠太郎、松井さおり

國家圖書館出版品預行編目資料

傳統X進化：擔擔麵的風味革新 / 旭屋
出版編輯部編著；龔亭芬譯. -- 初版. --
新北市：瑞昇文化事業股份有限公司,
2023.04
200面；28x20.7公分
ISBN 978-986-401-620-4(平裝)
1.CST: 麵食食譜 2.CST: 烹飪

427.38　　　　　　　　　112003186